Apurva Patil

Fonte de energia de tensão variável e frequência variável usando SPWM

Apurva Patil

Fonte de energia de tensão variável e frequência variável usando SPWM

ScienciaScripts

Imprint
Any brand names and product names mentioned in this book are subject to trademark, brand or patent protection and are trademarks or registered trademarks of their respective holders. The use of brand names, product names, common names, trade names, product descriptions etc. even without a particular marking in this work is in no way to be construed to mean that such names may be regarded as unrestricted in respect of trademark and brand protection legislation and could thus be used by anyone.

Cover image: www.ingimage.com

This book is a translation from the original published under ISBN 978-3-659-81633-8.

Publisher:
Sciencia Scripts
is a trademark of
Dodo Books Indian Ocean Ltd. and OmniScriptum S.R.L publishing group

120 High Road, East Finchley, London, N2 9ED, United Kingdom
Str. Armeneasca 28/1, office 1, Chisinau MD-2012, Republic of Moldova, Europe
Printed at: see last page
ISBN: 978-620-8-18088-1

ÍNDICE

ABREVAÇÕES

VVVF	Variable Voltage Variable Frequency
SPWM	Sinusoidal Pulse Width Modulation
DPWM	Direct Pulse Width Modulation
FPGA	Field Programmable Gate Array
FVFF	Fixed Voltage, Fixed Frequency
ZCD	Zero Crossing Detector
PWM	Pulse Width Modulation
LUT	Look Up Table

CAPÍTULO: 1

INTRODUÇÃO

1.1 GERAL

A utilização eficiente da energia disponível para vários tipos de procura continua a ser uma questão importante no domínio da engenharia eletrónica. A tónica tem sido muitas vezes colocada no desenvolvimento de tipos específicos de fontes de energia de acordo com as necessidades específicas das indústrias. Tais requisitos são especificados sob a forma de geração de fontes de corrente alternada com magnitude variável, frequência variável, diferentes tipos de formas de onda e diferentes técnicas PWM. Consoante os requisitos, pode haver conceção e desenvolvimento de fontes de energia monofásicas ou trifásicas ou diferentes estratégias de controlo. Essas fontes de energia serão especificamente úteis na caraterização do desempenho das fontes de corrente alternada. A qualidade da energia eléctrica desenvolvida está a tornar-se gradualmente uma questão de grande preocupação, uma vez que os equipamentos de nova geração instalados para aumentar a produtividade acabam muitas vezes por ser as principais fontes de criação de problemas adicionais de qualidade da energia. Assim, numa consideração global, a conceção de uma fonte de energia de alta qualidade, de tensão variável e frequência variável (VVVF) com uma vasta gama de formas de onda sinusoidais puras, com uma vasta gama de frequências.

1.2 FONTE DE ENERGIA DE TENSÃO VARIÁVEL E FREQUÊNCIA VARIÁVEL

A procura de fontes de energia de tensão variável e de frequência variável está a aumentar. De acordo com as gamas de tensão e de frequência, as fontes de energia alteram-se. Assim, são introduzidas diferentes técnicas para a geração destes tipos de fontes de energia. São concebidas diferentes estratégias de controlo utilizando controladores DSP, FPGA, etc. Este tipo de sistemas é concebido com a combinação de retificador e inversor [1].

Os inversores podem ser classificados em dois tipos: inversores de fonte de tensão e inversores de fonte de corrente. Um inversor alimentado por tensão (VFI) ou, mais geralmente, um inversor de fonte de tensão (VSI) é aquele em que a fonte de corrente contínua tem uma impedância pequena ou negligenciável. A tensão nos terminais de entrada é constante. Um inversor de fonte de corrente (CSI) é alimentado com corrente ajustável a partir da fonte dc de alta impedância que é de uma fonte dc constante [2].

Um inversor de fonte de tensão que utilize tiristores como interruptores requer algum tipo de comutação forçada, ao passo que os VSI constituídos por GTO, transístores de potência, MOSFET de potência ou IGBT, se auto-comutam com sinais de acionamento de base ou de porta para a sua ligação e desligamento controlados. O inversor de fonte de tensão monofásico normal pode ter a configuração de meia ponte ou de ponte completa. As unidades monofásicas podem ser unidas para obter topologias trifásicas ou multifásicas. Algumas aplicações industriais dos inversores são utilizadas para accionamentos de corrente alternada de velocidade ajustável, aquecimento por indução, fontes de alimentação de reserva para aviões, UPS (fontes de alimentação ininterrupta) para computadores, equipamentos médicos, etc. O esquema do sistema de inversor é apresentado na Figura 1.1, em que o retificador fornece a alimentação CC ao inversor. O inversor é utilizado para controlar a magnitude da tensão fundamental e a frequência da tensão de saída CA [2]. Quando essas cargas são alimentadas por inversores, é essencial que a tensão de saída dos inversores seja controlada de modo a satisfazer os requisitos das cargas.

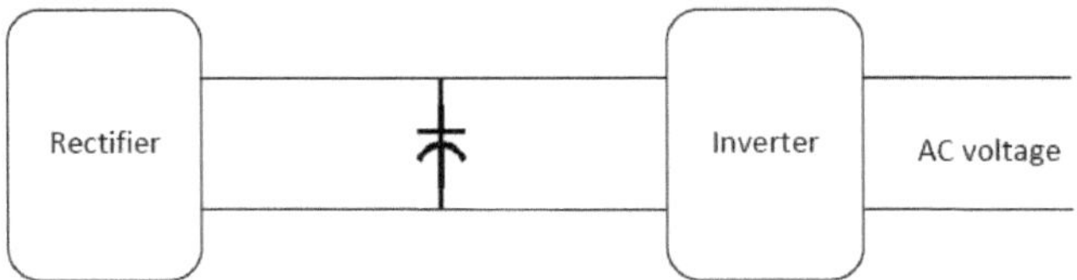

Fig. 1.1 Esquema do sistema de inversor

A magnitude fundamental da tensão de saída de um inversor pode ser controlada de forma constante através do exercício de controlo dentro do próprio inversor, ou seja, não são necessários circuitos de controlo externos. O método mais eficaz para o fazer é o controlo por modulação da largura de impulsos (PWM) utilizado no interior do inversor. Neste esquema, o inversor é alimentado por uma tensão de entrada fixa e obtém-se uma tensão CA controlada ajustando os períodos de ativação e desativação dos componentes do inversor.

A modulação por largura de impulso é o coração do inversor. As vantagens das técnicas PWM são a menor dissipação de energia, a facilidade de implementação e de controlo, o controlo da tensão de saída pode ser obtido sem quaisquer componentes adicionais e, com o método, os harmónicos de ordem inferior podem ser eliminados ou minimizados juntamente com o controlo da tensão de saída. Como os harmónicos de ordem superior podem ser filtrados facilmente, os requisitos de filtragem são minimizados.

As técnicas PWM são caracterizadas por impulsos de amplitude constante com ciclos de funcionamento diferentes para cada período. As diferentes técnicas PWM são a modulação por impulso único, a modulação por impulsos múltiplos e a modulação por largura de impulso sinusoidal. A largura destes impulsos é modulada para obter o controlo da tensão de saída do inversor e para reduzir o seu conteúdo harmónico. Existem diferentes técnicas PWM que diferem essencialmente no conteúdo harmónico das suas respectivas tensões de saída. Estas são controladas pelo esquema PWM com uma determinada frequência portadora (de corte) fC. Num intervalo de amostragem $T=1/fC$, o ângulo da largura de impulso só pode ser alterado uma vez, ou seja, a tensão de saída de um inversor CC/CA PWM é alterada período a período. Por conseguinte, todos os tipos de conversores PWM CC/CA estão a funcionar em estado discreto.

Na modulação por largura de impulsos múltiplos (MPWM), o conteúdo harmónico pode ser reduzido através da utilização de vários impulsos em cada meio ciclo da tensão de saída. Atualmente, verifica-se uma tendência crescente para a utilização de PWM de vetor espacial (SVPWM) para três fases, uma vez que reduz o conteúdo harmónico da tensão, aumenta a tensão de saída fundamental em 15% e controla suavemente o IM. Mas o SPWM é a melhor técnica para a aplicação industrial. Neste sistema não é necessário manter a mesma largura, a largura é alterada de acordo com a onda sinusoidal.

1.3 OBJECTIVO

Hoje em dia, é necessária a qualidade da energia eléctrica e tipos dedicados de fontes de energia de acordo com as especificações. Assim, este sistema será concebido de acordo com a aplicação. Esta fonte de energia é fornecida com tensão variável e frequência variável. Neste sistema, a saída pode variar quer a tensão quer a frequência. Este sistema não é mais do que a ligação CC. Este sistema utiliza controladores PIC para efeitos de controlo. A estrutura do sistema proposto é a apresentada na fig. 1.2.

O principal objetivo deste sistema é conceber uma fonte de energia de tensão variável e frequência variável a baixo custo, um sistema mais estável e mais fiável nas gamas desejadas. Por conseguinte, é utilizada uma nova técnica PWM, ou seja, a técnica de modulação por largura de impulso sinusoidal (SPWM), o controlador PIC 16f877a e um ecrã LCD 16x2 para efeitos de visualização.

1.4 ORGANIZAÇÃO DA TESE

T Este relatório de dissertação está organizado da seguinte forma: **o Capítulo 1** descreve a visão geral do projeto com diferentes fases, as tecnologias são comparadas; a declaração do problema e o trabalho proposto são discutidos; na parte objetiva do capítulo, são apresentadas a metodologia e a técnica utilizadas no trabalho proposto. **O Capítulo 2** inclui o levantamento bibliográfico das teorias, práticas, tecnologia e metodologia actuais para o sistema proposto; inclui fase única e três fases. **O capítulo 3** descreve a seleção de componentes, a conceção do hardware e a implementação com todos os pormenores necessários. **O capítulo 4** descreve a implementação do sistema em software. **O capítulo 5** descreve a análise dos resultados dos dados experimentais. **O capítulo 6** descreve o resumo e a conclusão que se baseiam no capítulo 5.

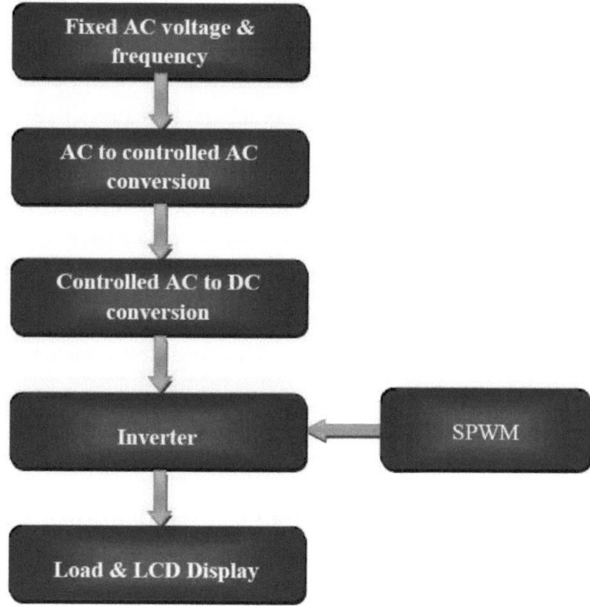

Fig. 1.2 Estrutura do sistema proposto

1.5 OBSERVAÇÕES FINAIS

Este capítulo descreve os diferentes passos e as diferentes tecnologias para o sistema VVVF. O objetivo é centrar-se no desenvolvimento de uma fonte de energia estável de tensão variável e frequência variável de baixo custo. O relatório inclui o procedimento de conceção, a implementação pormenorizada e os resultados em tempo real obtidos a partir de ensaios do sistema VVVF, com conclusões e discussão.

CAPÍTULO: 2

REVISÃO DA LITERATURA

2.1 GERAL

Nesta fase, é efectuada uma pesquisa bibliográfica sobre as teorias e práticas actuais relativas a variadores de frequência de tensão variável, diferentes tecnologias PWM, diferentes estratégias de controlo para exigências específicas, consultando alguns dos recursos como o IEEE explorer, artigos técnicos fundamentais de revistas e conferências, artigos técnicos mais recentes, informações sobre patentes, teses de investigação, actas de workshops internacionais e nacionais, publicações de institutos de investigação e livros de referência, etc.

2.2 REVISÃO DA LITERATURA

A revisão da literatura centra-se nas técnicas PWM, nas estratégias de controlo e nas aplicações do sistema VVVF. Esta secção resume a principal literatura referida e estudada, incluindo o pensamento atual, as conclusões e as abordagens aos problemas. A tendência atual de desenvolvimento é a seguinte.

Pijus Kanti Sadhu, Gautam Sarkar e Anjan Rakshit [1] projectaram a fonte de alimentação utilizando o PIC 12f675. Conceberam a ligação CC. A distorção harmónica total é maior neste sistema.

R. K. Pongiannan, P. Selvabharathi e N. Yadaiah Sr. [2] desenvolveram o controlo SPWM numa única FPGA. As simulações são efectuadas com o ModelSim 5.7 e a implementação é efectuada com o Xilinx foundation series 9.1i. Os padrões PWM foram obtidos para diferentes frequências de comutação e frequências fundamentais.

Salimi, S.Mansourpour, H.Ziar e E.Afjei [3] introduziram um novo método de modulação que pode ser adotado para obter várias tensões de saída possíveis, dependendo da topologia de comutação e das entradas de tensão disponíveis. Este método é utilizado para obter uma forma de onda de tensão sinusoidal com uma frequência que é múltipla da frequência da tensão de entrada sinusoidal.

Lin Chengwu, Liu Yan e Sun Bingbin [4] introduziram o inversor SPWM com o SPWM trifásico de alta precisão, baseado no chip DSP, utilizando unidades de comparação no gestor de eventos. Este sistema proporciona uma elevada qualidade e fiabilidade da forma de onda SPWM, e a forma de onda de saída da frequência variável, tudo isto pode satisfazer os requisitos do sistema de inversor VVVF.

Mriganka Sekhar Sur , S. N. Singh, Anumeha e PuspaKumari [5] propuseram um novo esquema para gerar impulsos de comutação modulados por largura de impulso sinusoidal (SPWM) utilizando a estratégia de modulação direta e a sua implementação foi feita através de software desenvolvido com código VHDL. No esquema de modulação direta, os impulsos PWM são gerados diretamente e, por conseguinte, requerem menos espaço de memória em comparação com o esquema sinusoidal-triangular convencional. Os sinais PWM periódicos são gerados, separados por um grupo positivo e negativo de impulsos de comutação de controlo de polaridade e evocados na saída como sinal de controlo para o circuito inversor da ponte H com interface FPGA.

Lin Jiaquan e Pi Jun [6] apresentaram um novo projeto para um inversor geral utilizando a técnica PWM direta de tensão de linha. Este novo esquema não utiliza sinais de alta frequência. Eles projetam uma plataforma de hardware usando DSP.

N. D. Patel e U. K. Madawala [7] conceberam uma técnica única adequada para a geração de formas de onda sinusoidais de frequência variável com elevada qualidade. As operações aritméticas nos fluxos de bits são efectuadas através de blocos digitais. A técnica proposta é simples e pode ser implementada numa matriz de portas programáveis em campo (FPGA).

Sandeep Kumar Singh, Harish Kumar, Kamal Singh e Amit Patel [8] apresentaram um relatório de pesquisa e estudo de diferentes tipos de métodos controlados por pwm. As diferentes técnicas PWM, como a modulação de impulso único, a modulação de impulsos múltiplos e a modulação de largura de impulso sinusoidal, técnicas SVPWM. Estas técnicas são explicadas em pormenor, o que melhora a qualidade da corrente e reduz a ondulação do binário no acionamento do motor de indução. Estas técnicas são explicadas especialmente para o motor de indução.

Nazmul Islam Raju, Md. Shahinur Islam e TausifAli e Syed Ashraful Karim [9] conceberam o novo inversor trifásico de fonte de tensão utilizando os diferentes circuitos op-amp. Para as máquinas industriais, a carga sensível a alta tensão ou a carga autónoma, este circuito analógico foi concebido. Com a ajuda de filtros passivos, obtêm-se resultados de simulação adequados. Basicamente, a THD da fonte de tensão deve ser mantida no mínimo. Os resultados indicam que a THD é inferior a 5% após a filtragem.

Jaiswal, J.L., Biswas, A., Agarwal, V [10] apresentaram um estudo sobre a potência CA controlável. Muitas aplicações industriais requerem potência DC controlável e potência AC controlável. Assim, foi concebido um conversor monofásico utilizando a modulação por largura de impulso sinusoidal (SPWM), o esquema de modulação por impulsos múltiplos (MPWM) e a combinação de ambos para obter uma saída sem ondulação. O sistema é projetado em MATLAB.

Vinay, K.C., Shyam, H.N., Rishi, S., Moorthi, S. [11] implementaram o SPWM utilizando VHDL e uma única FPGA da Xilinx, ou seja, utilizando uma Matriz de Portas Programáveis em Campo (FPGA), projectaram um Controlador de Tensão Variável e Frequência Variável (VVVF) baseado na Técnica de Modulação por Largura de Impulso Sinusoidal (SPWM) para um Motor de Indução Trifásico. A conversão de energia CC em energia CA é efectuada no modo comutado a alta frequência.

Panda A., Pathak M.K. e Srivastava S.P,[12] conceberam o inversor para aplicação fotovoltaica. Utilizando a placa solar, a energia solar é convertida em energia eléctrica, ou seja, em corrente contínua. Para utilização geral, esta corrente contínua também é convertida em corrente alternada através de um inversor.

Jaiswal, J.L., Biswas, A. e Agarwal, V. [13] projectaram e implementaram o conversor matricial monofásico. Conceberam e desenvolveram a técnica de modulação por largura de pulso SPWM.

MrigankaSekharSur , S. N. Singh, Anumeha, PuspaKumari [14] conceberam impulsos de comutação modulados por largura de impulso sinusoidal (SPWM) utilizando a estratégia de modulação direta e a sua implementação foi feita através de software desenvolvido com código VHDL. No esquema de modulação direta, os impulsos PWM são gerados diretamente e, por conseguinte, requerem menos espaço de memória em comparação com o esquema sinusoidal-triangular convencional. Os sinais PWM periódicos são gerados, separados por um grupo positivo e negativo de impulsos de comutação de controlo de polaridade e evocados à saída como sinal de controlo para o circuito inversor da ponte H com interface FPGA.

Sen, S., Datta, U. [15] implementaram o modelo matemático de uma modulação de largura de impulsos sinusoidais de tensão variável (SPWM) num microcontrolador com base na função degrau. O desempenho da simulação do SPWM no MATLAB e a implementação do SPWM no microcontrolador são observados.

Lin Jiaquan e Pi Jun, [16] conceberam uma nova técnica de PWM para VVVF chamada PWM direto (DPWM). Mas este novo esquema não funciona com sinais de alta frequência. Nesta técnica, verifica-se inicialmente a utilidade da tensão do elo CC e, em seguida, divide-se uma forma de onda de tensão linha a linha de referência em vários períodos PWM. Depois de calcular o valor médio da tensão de referência linha a linha em cada período PWM, os dispositivos de comutação são controlados.

Chien-Ming Wang e Ching-Hung Su [17] conceberam um conversor ac/dc/ac monofásico de fase única que proporciona um elevado fator de potência. A conversão de CA para CC é feita com a ajuda de um retificador e, novamente, a conversão de CC para CA é feita com a ajuda de um inversor. E a combinação de retificador e inversor é designada por elo CC.

2.3 OBSERVAÇÕES FINAIS

As fontes de energia de tensão variável e frequência variável são procuradas em diferentes gamas para aplicações industriais. A maior parte dos sistemas VVVF são concebidos com base em FPGA (field programmable gate array), controladores DSP, PWM simples. Assim, propomos que as fontes de energia de frequência variável de tensão variável de baixo custo sejam concebidas utilizando o controlador PIC. Para maior estabilidade, será utilizada a técnica de modulação por largura de pulso sinusoidal.

CAPÍTULO: 3

DESENVOLVIMENTO DO PROJECTO: CONCEPÇÃO DO HARDWARE

3.1 GERAL

Esta secção descreve as linhas gerais do trabalho proposto, o funcionamento do sistema e a implementação do hardware, que inclui fontes de energia, circuitos de passagem por zero, circuitos de disparo de triacs baseados em microcontroladores, rectificadores, inversores e circuitos de acionamento, etc. A seleção dos componentes também está incluída neste capítulo.

3.2 DESCRIÇÃO DO PROJECTO

O diagrama de blocos descreve o desenvolvimento de uma fonte de alimentação sinusoidal monofásica VVVF baseada em microcontrolador, empregando um inversor MOSFET em ponte H. O esquema proposto utiliza um novo conceito de geração de sinais PWM adequados, denominado técnica de modulação sinusoidal por largura de impulso (SPWM), em que são gerados impulsos de amplitude constante com diferentes ciclos de trabalho para cada período [1]. As larguras destes impulsos são moduladas de forma adequada para obter a saída do inversor. O esquema é concebido com uma tabela de consulta (LUT) incorporada na própria fonte de alimentação para a geração de sinais sinusoidais dentro da própria fonte de alimentação. Este método oferece várias vantagens, tais como uma maior estabilidade e um controlo de elevado desempenho do sinal sinusoidal gerado. O esquema utiliza dois microcontroladores, um dos quais é utilizado para gerar a tensão variável proposta e o outro para controlar a frequência e o ecrã LCD da fonte de alimentação desenvolvida.

A tensão CA de tensão fixa e frequência fixa (FVFF) da rede eléctrica é aplicada a um regulador de tensão. O regulador está ligado a um compensador de retorno para manter a tensão a um nível desejado e, em seguida, esta tensão é rectificada, utilizando um retificador de ponte de onda completa, para produzir uma tensão contínua. Um inversor MOSFET em ponte H, composto por quatro MOSFETS, é utilizado para converter novamente esta tensão CC em CA. Esta conversão de corrente alternada em corrente contínua e depois de corrente contínua em corrente alternada é necessária porque é mais fácil exercer controlo sobre a corrente contínua do que sobre a corrente alternada. É necessário um circuito de controlo para acionar o MOSFET. A tensão e a frequência atualmente geradas serão apresentadas no ecrã LCD.

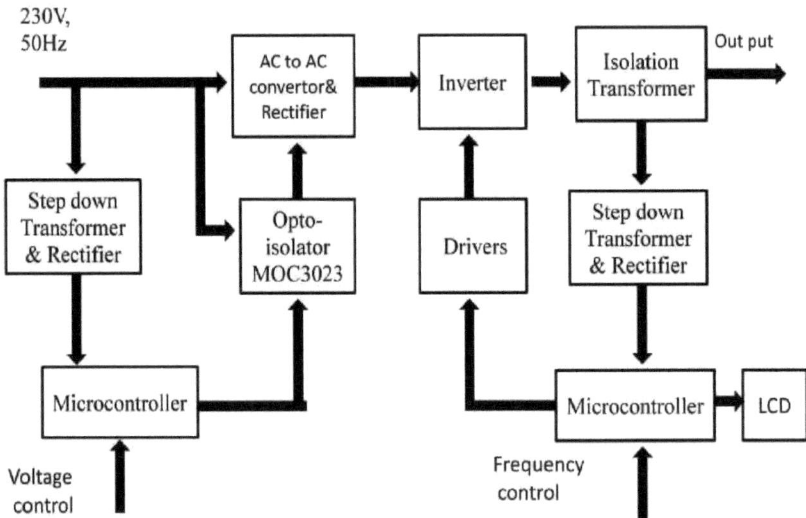

Fig. 3.1 O diagrama de blocos geral da fonte de alimentação VVVF

3.3 SELECÇÃO DE COMPONENTES

Para a implementação deste sistema, os autores utilizaram um controlador PIC, um opto-isolador, um TRIAC, um retificador em ponte, um LM 358, um LCD 16x2, MOSFETs, controladores MOSFET, etc.

3.3.1 PIC: PIC 16F877A

No sistema proposto, utilizamos o PIC 16F877A, que é um CI de 40 pinos com um controlador RISC de elevado desempenho, baixo consumo de energia e alta velocidade. Tem incorporado um ADC de 10 bits com 8 canais. A sua velocidade de funcionamento é DC - 20 MHz clock input, DC - 200 ns instruction cycle. Tem 32K x 14 palavras de memória de programa FLASH e 1536 x 8 bytes de memória de dados (RAM). Estão disponíveis dois módulos de captura, comparação, PWM e capacidade de interrupção (até 18 fontes). Tem 33 pinos de entrada e saída e a sua gama de tensão de funcionamento é de 2,0 V a 5,5 V. Estes controladores PIC são necessários para o controlo do ângulo de fase do triac, para a geração de SPWM e para a visualização.

3.3.2 TRIAC: BTA 41

Os Triac são os dispositivos bidireccionais de três terminais em pacotes de alta potência adequados para comutação CA de uso geral. A série BTA fornece um separador isolado (classificado a 2500 V rms). Estes triacs são de alta corrente. Para o BTA41, a corrente rms no estado ligado é de 41A e a tensão de pico repetitiva fora do estado é de 600 e 800 V. Tem também uma elevada capacidade de comutação e baixa resistência térmica. Estes triacs são utilizados para a função de comutação em relés estáticos, regulação do aquecimento, circuitos de arranque de motores de indução, operações de controlo de fase em reguladores de luz, etc.

3.3.3 Retificador de ponte: MB3510

Um retificador é um dispositivo elétrico que converte corrente alternada (CA) em corrente contínua (CC), que flui apenas num sentido. O processo é conhecido como retificação. Os rectificadores têm muitas utilizações, mas são frequentemente encontrados como componentes de fontes de alimentação de corrente contínua e de sistemas de transmissão de corrente contínua de alta tensão. A retificação pode ter outras funções que não a de gerar corrente contínua para utilização como fonte de energia. As aplicações dos rectificadores são fontes de alimentação para equipamento de rádio, televisão e computador, que requerem uma corrente contínua constante. Nestas aplicações, a saída do retificador é suavizada por um filtro eletrónico para produzir uma corrente constante. O MB3510 tem uma gama de corrente elevada, ou seja, 35 A e uma gama de tensão de 50 a 1000 Volts. O dissipador de calor moldado integralmente proporciona uma resistência térmica muito baixa com alta tensão de isolamento da caixa para os terminais a baixo custo.

3.3.4 LCD: LCD 16x2

Um ecrã de cristais líquidos (LCD) é um ecrã plano, um ecrã visual eletrónico ou um ecrã de vídeo que utiliza as propriedades de modulação da luz dos cristais líquidos. O LCD **16x2 tem** 16 caracteres * 2 linhas. A sua gama de tensão de funcionamento é de -0,3V a +7V. Tem 16 pinos, dos quais 8 pinos são linhas de entrada/saída de dados e seleção de registos (RS), leitura/escrita (RW), ativação (E).

3.3.5 Controladores MOSFET: IR2110

O IR2110 é o driver de alta tensão e alta velocidade para MOSFETs e IGBTs de potência com canais de saída referenciados nos lados alto e baixo. O canal flutuante pode ser utilizado para acionar um MOSFET de potência de canal N ou um IGBT na configuração do lado alto, que funciona até 500 V ou 600 V. A sua gama de alimentação de acionamento de porta é de 10 a 20 V e as saídas produzidas estão em fase com as entradas. Pode acionar independentemente canais de saída referenciados do lado alto e do lado baixo e é utilizado em aplicações de alta frequência.

3.3.6 MOSFETs: IRFP460

É a terceira geração de MOSFETs de potência que fornece ao projetista a melhor combinação de comutação rápida, design de dispositivo robusto, baixa resistência de ativação e rentabilidade. Tem três terminais: porta, dreno e fonte. A tensão dreno-fonte do IRFP460s é de 500V e a corrente de dreno contínua de 20A. Requer um driver MOSFET simples.

3.3.7 Opto-isolador: MOC 3023

O MOC3023 fornece uma saída de driver de foto-triac de 250V. Tem uma fonte de infravermelhos de díodo de gálio-arsénido e um controlador de trica de silício opticamente acoplado (interrutor bilateral) que proporciona um isolamento elevado, ou seja, 7500 V de pico.

3.3.8 MCT6

Os optoacopladores MCT6x têm dois canais, IC de 16 pinos. Cada canal é um foto-resistor planar de silício NPN acoplado opticamente a um díodo emissor de infravermelhos de arsenieto de gálio. O MCT6 é utilizado na linha AC, lógica digital, recetor de linha telefónica/telegráfica para isolar transientes de alta tensão. Também é utilizado no recetor de linha de par trançado para eliminar a alimentação de loop de terra. Para manter a terra flutuante e os transientes, é utilizado no controlo de feedback da fonte de alimentação de alta frequência.

3.3.9 LM-358

LM- 358 é um amplificador operacional duplo de baixa potência, IC de 8 pinos. É compensado internamente em frequência para ganho unitário com uma largura de banda larga (1MHz) para a alimentação simples a gama é de 3V a 32V e para a alimentação dupla é de ±1,5V a ±16V. É compatível com todas as formas de lógica.

3.4 IMPLEMENTAÇÃO DE HARDWARE

O hardware é implementado em cinco secções que são mencionadas a seguir:

1) Circuito de alimentação
2) Circuito de controlo e circuito de visualização
3) Circuito de acionamento
4) Circuito de alimentação eléctrica
5) Circuito de proteção

Cada secção é explicada em pormenor da seguinte forma.

3.4.1 Circuito de alimentação

O circuito de potência é constituído principalmente por um circuito de passagem por zero, um circuito de disparo de triac, um circuito retificador de onda completa, um circuito de filtro e um circuito inversor. O esquema do circuito de potência encontra-se em anexo no final do relatório. Inicialmente, a tensão fixa, a frequência fixa da corrente alternada a 230 V, 50 Hz é aplicada ao regulador de tensão a partir da rede eléctrica. Assim, a tensão de saída pode ser controlada a qualquer nível desejado utilizando um potenciómetro de resistência simples. A saída do regulador é aplicada ao retificador de ponte de onda completa. O retificador converte a CA em CC. Depois do retificador, é utilizado um filtro LC. O indutor é utilizado para limitar a corrente durante a comutação e o condensador de valor elevado é ligado para obter uma saída CC suave e sem ondulações.

A saída do retificador é aplicada nos inversores de ponte H. Os inversores de ponte H são constituídos por quatro MOSFET de canal n do tipo melhorado. A comutação destes MOSFETs é controlada pelo circuito de controlo. O circuito de controlo envia impulsos para a porta e para a fonte de cada MOSFET. Quando o circuito de controlo envia um impulso para um determinado MOSFET, este liga-se imediatamente e, quando o impulso é retirado, o MOSFET é desligado. Esta sequência de comutação foi concebida para que, num determinado instante de comutação, um par de MOSFETs. Se o MOSFET1 e o MOSFET4 estiverem na condição ON e o outro par MOSFET2 e MOSFET3 estiver na condição OFF. No instante de comutação seguinte, acontece exatamente o contrário. Ou seja, quando o MOSFET2 e o MOSFET3 são ligados, o MOSFET1 e o MOSFET4 são desligados. Para proteção, é utilizado um circuito de amortecimento R-C para cada MOSFET. No lado da saída é utilizado o transformador de isolamento.

Após o isolamento, é utilizado um filtro para suavizar a saída. Graças a este filtro, obtemos uma onda sinusoidal pura. A tensão de saída é reduzida utilizando um transformador descendente. Esta tensão é detectada pelo controlador e a tensão e a frequência de saída são apresentadas no ecrã LCD.

3.4.2 Circuito de controlo e circuito de visualização

Neste sistema, são utilizados dois controladores PIC 16F877A. O PIC 16F877A é um circuito integrado de 40 pinos. Requer um cristal, uma fonte de alimentação de +5V e uma ligação à terra. Para efeitos de tensão e frequência variáveis, o potenciómetro resistivo variável é ligado ao controlador. O potenciómetro fornece tensão analógica ao controlador, pelo que é utilizado um ADC que converte a tensão analógica em digital. A tensão pode ser controlada através do controlo do ângulo de disparo do triac.

O PWM é o coração do inversor. O segundo controlador é utilizado para o objetivo SPWM. Para o efeito de onda sinusoidal pura, são fornecidos 128 passos positivos e 128 passos negativos. No SPWM, a onda sinusoidal é comparada com a onda portadora triangular. Assim, a tabela de consulta é gerada para o objetivo PWM utilizando a fórmula sin (θ)* FF. Para a finalidade de frequência variável, os valores são calculados. Por exemplo, se for necessária uma frequência de 40Hz, então, Tempo =1/40= 25msec;

Tempo= tempo/4= 0,156msec;

TMR0 = 256 - ((frequência do cristal * tempo) / (4* pré-venda))

=256 -((8MHz* 0,156 msec) /4*8)

=256-39

=217

E estes valores também são armazenados na LUT.

A tensão de saída é detectada e apresenta a tensão e a frequência no LCD. É utilizado um LCD de 16 pinos, dos quais são utilizados 8 pinos de dados e estão disponíveis três pinos de escrita/leitura, ativação e seleção. As figuras 3.2 e 3.3 mostram o diagrama de blocos do circuito de controlo.

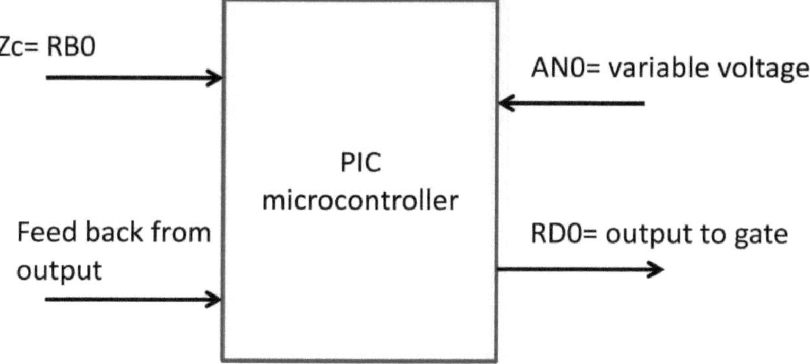

Fig. 3.2 Diagrama de blocos do regulador de tensão variável

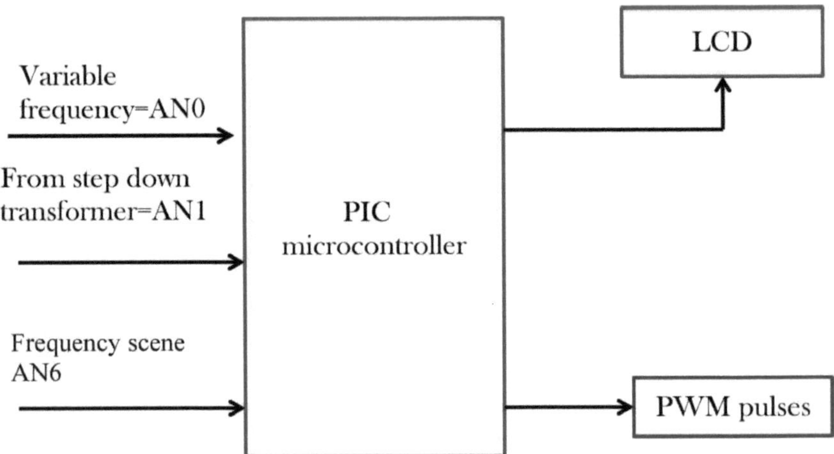

Fig. 3.3 O diagrama de blocos da frequência variável e do ecrã

3.4.3 Circuito de acionamento

Foi concebido para receber o sinal de entrada do circuito lógico e produzir accionamentos adequados para os MOSFET ligados ao inversor de ponte H. O chip IR2110 é utilizado como circuito de controlo. Tem um pino de paragem. Quando ocorre uma avaria, protege o inversor. O circuito de controlo é necessário para acionar os MOSFET. Pode acionar independentemente canais de saída referenciados do lado alto e do lado baixo. No IR 2110, a saída segue o sinal de entrada quando o sinal de desativação é baixo, mas a saída será baixa se o sinal de desativação for alto.

3.4.4 Circuito de alimentação eléctrica

O circuito de alimentação adequado é concebido para fornecer a alimentação de corrente contínua operacional aos microcontroladores, aos chips de controlo, ao chip de visualização, aos amplificadores operacionais, etc. Aqui, um transformador abaixador recebe a energia CA da rede eléctrica e reduz o nível de tensão. Esta tensão reduzida é rectificada por um retificador para obter corrente contínua. Esta tensão CC é então passada através de dois reguladores CC para obter uma fonte de alimentação CC de +12 V e +5 V. O circuito é desenvolvido utilizando condensadores electrolíticos para obter uma fonte de alimentação CC suave e sem ondulações. Funcionam como filtros. Os +5V são necessários para o microcontrolador, o ecrã e o controlador. Os condutores necessitam de +12V. A Fig. 3.4 mostra o diagrama do circuito da fonte de alimentação

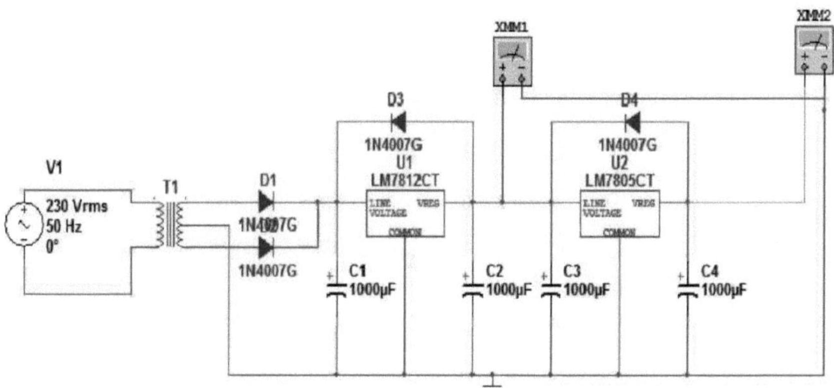

Fig. 3.4 Diagrama do circuito da fonte de alimentação

3.4.5 Circuito de proteção

Um circuito de proteção é concebido para proteger o circuito principal de vários tipos de condições de falha, nomeadamente falha de curto-circuito, falha de sobrecarga e falha de sobrecorrente. Durante a condição de falha, uma corrente forte fluirá através do circuito de potência. Devido a este forte fluxo de corrente, o circuito de proteção gera um sinal que é transmitido ao ponto de falha de encerramento do circuito de acionamento. Em seguida, o circuito de acionamento desactivará imediatamente os accionamentos dos MOSFETs do circuito de potência. O IR2110 assegura a proteção do inversor.

Para efeitos de proteção contra sobretensão, é utilizado um circuito amortecedor. O circuito amortecedor é basicamente um circuito R-C em série que é ligado ao dispositivo a proteger. O circuito amortecedor é ligado aos MOSFETs.

3.5 OBSERVAÇÕES FINAIS

Neste capítulo, explica-se a visão geral do sistema proposto. O hardware necessário para o sistema é concebido e implementado para cada nível, ou seja, tensão variável, circuito de potência, retificador, circuitos de acionamento e inversor. O desenvolvimento do software dos módulos mencionados é descrito no capítulo 4.

CAPÍTULO: 4
DESENVOLVIMENTO DO PROJECTO: DESENVOLVIMENTO DE SOFTWARE

4.1 GERAL

O capítulo 3 descreve a conceção do hardware do sistema e, nesta secção, o algoritmo, o fluxograma e a programação do microcontrolador utilizando o Mplabe ide para a metodologia de controlo de fase para o Triac, a geração de SPWM para o inversor e a visualização. A tensão e a frequência de saída são apresentadas num ecrã LCD 16x2.

4.2 VISTA GERAL DO MPLAB IDE

O MPLAB ide v 8.91 é o software utilizado para desenvolver aplicações para microcontroladores e controladores de sinais digitais da Microchip. Este é o produto da Microchip. Esta ferramenta de desenvolvimento é chamada de Ambiente de Desenvolvimento Integrado, ou IDE, porque fornece um único "ambiente" integrado para desenvolver código para microcontroladores incorporados. O MPLAB ide v 8.91 inclui um editor de texto completo para programadores, um gestor de projectos que proporciona integração e comunicação entre o IDE e as ferramentas de linguagem. O número de conjuntos de assembler/linker, um mecanismo de depurador está disponível que fornece pontos de interrupção, passo único, janelas de observação e todos os recursos de um depurador moderno. O depurador funciona em conjunto com ferramentas de depuração, tanto de software como de hardware. Os vários compiladores são suportados por este software, por exemplo, o XC8, o compilador Hi-tech c, etc. A Fig. 4.1 mostra a janela aberta do MPLAB ide v 8.91.

4.2.1 Passos para escrever o programa

1. Insira o MPLAB ide v 8.91 e o compilador
2. Fazer duplo clique no ícone
3. Abrir o "Projeto" e selecionar "Assistente de projeto"
4. **Selecionar dispositivo:** O dispositivo é "PIC 16F877A"
5. **Selecionar a ferramenta linguística:** selecionar o conjunto de ferramentas universais HI-TECH
6. **Criar nova pasta:** criar a pasta com o nome
7. **Nova janela**
8. **Escrever o programa**
9. **Adicionar ficheiro fonte**
10. **Adicionar ficheiro de cabeçalho**
11. **Construir**

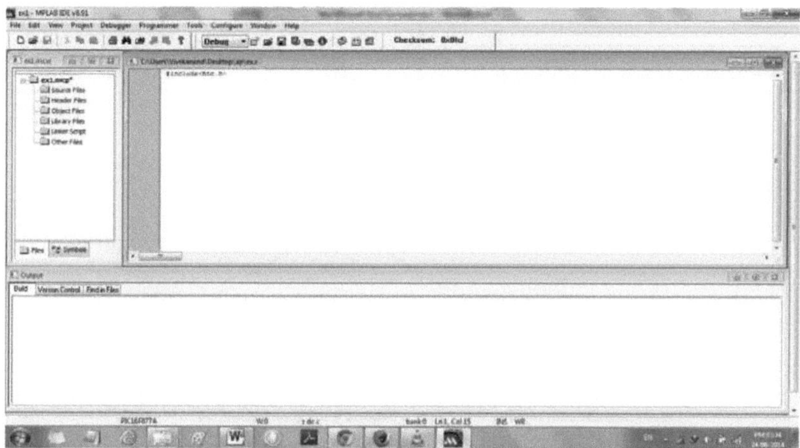

Fig 4.1 Janela do MPLAB ide v 8.91

4.3 CONTROLO DA TENSÃO

O primeiro controlador PIC é utilizado para o objetivo da tensão variável. O circuito de passagem por zero é concebido utilizando um transístor. Quando o sinal cruza a linha zero, o impulso é gerado e fornecido ao controlador como interrupção externa. Depois, são gerados impulsos de acordo com o disparo da panela.

O pino RB0 significa que o pino de número zero da porta B é um pino de interrupção. A interrupção de hardware é fornecida a este pino RB0. A porta A é a porta analógica. O potenciómetro resistivo de 10KQ está ligado ao RA0. O PIC 16F877A tem um módulo ADC de 10 bits incorporado. O módulo A/D tem quatro registos: A/D Result High Register (ADRESH), A/D Result Low Register (ADRESL), A/D Control Register 0 (ADCON0) e A/D Control Register 1 (ADCON1). O registo ADCON0 controla o funcionamento do módulo A/D. O registo ADCON1 configura as funções dos pinos da porta. Os pinos da porta podem ser configurados como entradas analógicas ou como E/S digitais. Outro pino ADC é utilizado para fins de feedback. Em seguida, a porta C é definida como a saída porque o impulso de disparo do triac é fornecido ao triac através do pino RC3. Depois, de acordo com a posição do potenciómetro, a tensão de saída muda.

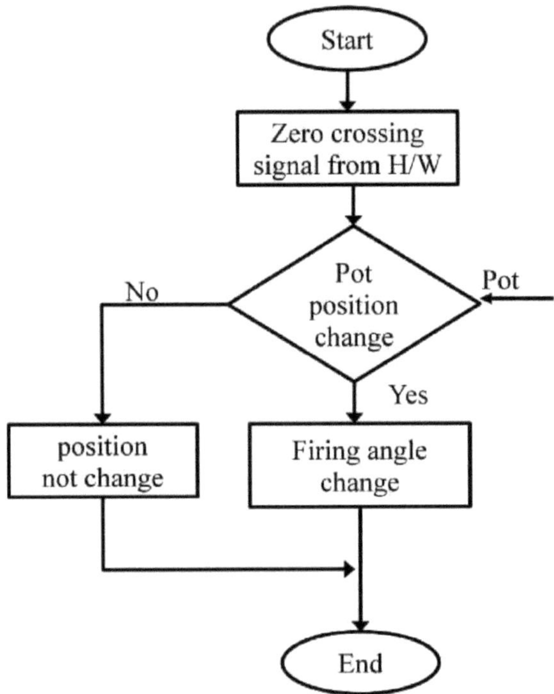

Fig. 4.2 Fluxograma do controlo da tensão variável

4.3.1 Algoritmo para controlo da tensão

Algoritmo de código para o controlo da tensão variável da seguinte forma

1] Início

2] Inicializar o controlador PIC, definir as entradas e saídas

3] Verificar a interrupção externa que é fornecida pelo circuito de passagem por zero

4] Verifique a posição do potenciómetro que está ligado ao pino analógico, depois a conversão ADC será iniciada

5] De acordo com a posição do potenciómetro, o impulso de disparo do triac será definido em relação ao impulso de passagem por zero

6] Fornecimento contínuo do impulso de disparo

7] Saltar para o passo 3

4.3.2 Fluxograma para controlo da tensão

O fluxograma do controlo da tensão variável é apresentado na Figura 4.2

4.4 CONTROLO E VISUALIZAÇÃO DE FREQUÊNCIA VARIÁVEL

O segundo controlador é utilizado para a geração de SPWM e para efeitos de visualização. Os valores dos passos e os valores da base de tempo são armazenados na LUT. O potenciómetro está ligado ao controlador para fins de frequência variável. De acordo com a posição do potenciómetro, os valores são chamados a partir da LUT. A tensão e a frequência de saída são apresentadas no ecrã LCD.

Este controlador é utilizado para a geração de SPWM e para efeitos de visualização. O segundo controlador também utiliza o módulo ADC. O potenciómetro está ligado a RA0. Para efeitos de SPWM, são utilizados os módulos CCP1 e CCP2. Tem também o registo. O Registo 1 de Captura/Comparação/PWM (CCPR1) é composto por dois registos de 8 bits: CCPR1L (byte baixo) e CCPR1H (byte alto). O registo CCP1CON controla o funcionamento do CCP1. O disparo do evento especial é gerado por uma comparação e reinicia o Temporizador1. O Registo 2 de Captura/Comparação/PWM (CCPR2) é também composto por dois registos de 8 bits: CCPR2L (byte baixo) e CCPR2H (byte alto). O registo CCP2CON controla o funcionamento do CCP2. O disparo do evento especial é gerado por uma comparação e reinicia o Timer1. Assim, o total de 90^0 quartos de meio ciclo é dividido em 64. Este valor é multiplicado por 156 e é armazenado na LUT. Mais uma vez a base de tempo LUT também é gerada. De acordo com a posição do potenciómetro, a frequência é gerada.

O LCD 16x2 também faz interface com este controlador. Os pinos de dados estão ligados ao PORTD. A tensão de saída e a frequência também são detectadas pelos pinos analógicos. O algoritmo e o fluxograma são os seguintes.

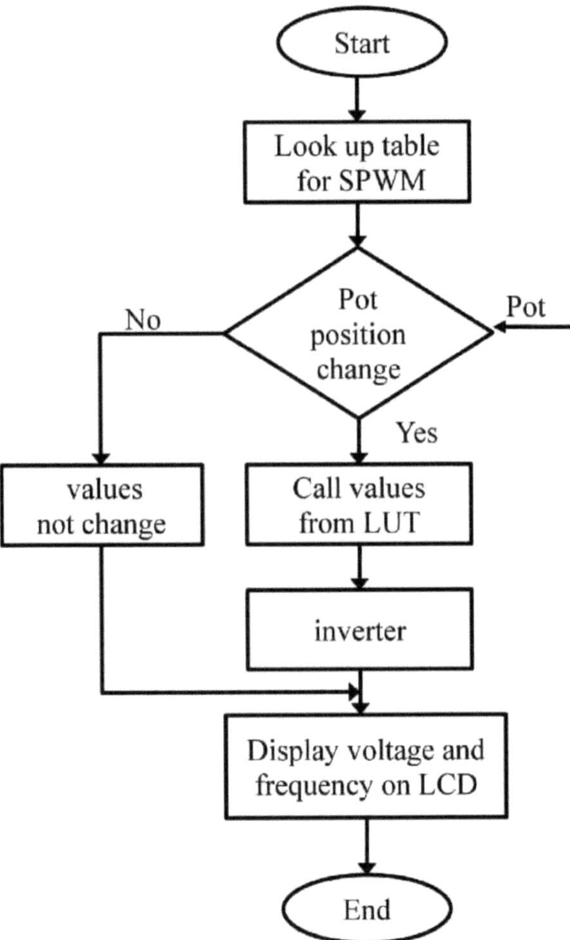

Figura 4.3 Fluxograma para frequência variável e visualização

4.4.1 Algoritmo para controlo de frequência

1] Início

2] Inicializar o controlador PIC, configurar a definição de bits

3] Definir entrada e saída

4] 64 valores de passo são armazenados como a tabela de consulta (LUT)

5] Os valores de base de tempo são armazenados para um cristal de 16MHz

6] Inicializar os módulos CCP1 e CCP2

7] Inicialização do ecrã, interrupção e ADC

8] Inicialização do Timer0 utilizada para o cálculo do tempo

9] Inicialização do temporizador utilizada para o cálculo da freq.

10] Verificar a posição da panela

11] Valor da tabela de chamadas

12] Alternar o valor da tabela

13] Os impulsos PWM são fornecidos ao inversor

14] Detetar a tensão de saída

15] Visualização da tensão e da frequência no ecrã LCD

16] Saltar para o passo 10

4.4.2 Fluxograma para controlo de frequência

O fluxograma da frequência variável e do ecrã é apresentado na Figura 4.3.

4.5 OBSERVAÇÕES FINAIS

Neste capítulo, desenvolvemos o algoritmo, o fluxograma da metodologia de controlo de fase para o Triac, a geração do SPWM para o inversor e o ecrã, juntamente com a programação do microcontrolador PIC utilizando o software Mplab ide. Os resultados experimentais são apresentados e discutidos no Capítulo 5.

CAPÍTULO: 5

RESULTADOS E DISCUSSÃO

5.1 GERAL

Os resultados do sistema proposto são explicados. Os resultados simulados e os resultados experimentais são apresentados neste capítulo. Neste capítulo, são medidas a tensão CC através do condensador e as tensões CA no lado da saída. As formas de onda também são apresentadas neste capítulo. A Figura 5.1 mostra a configuração experimental do sistema.

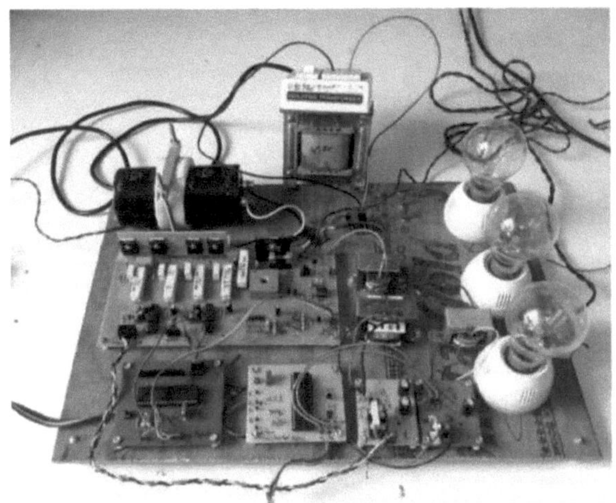

Fig. 5.1 Vista do hardware

5.2 RESULTADOS

As formas de onda são obtidas no ponto de teste do sistema. As figuras seguintes mostram os resultados do sistema.

Inicialmente, 230V AC é reduzido usando o transformador de aba central de redução. Em seguida, esta CA é rectificada. Na fig. 5.2, a primeira onda é a onda rectificada. Utilizando o circuito de passagem por zero, são gerados os impulsos de passagem por zero. A distância entre dois impulsos de passagem por zero é de 10 msegundos. O segundo impulso da fig. 5.2 é como os impulsos de passagem por zero.

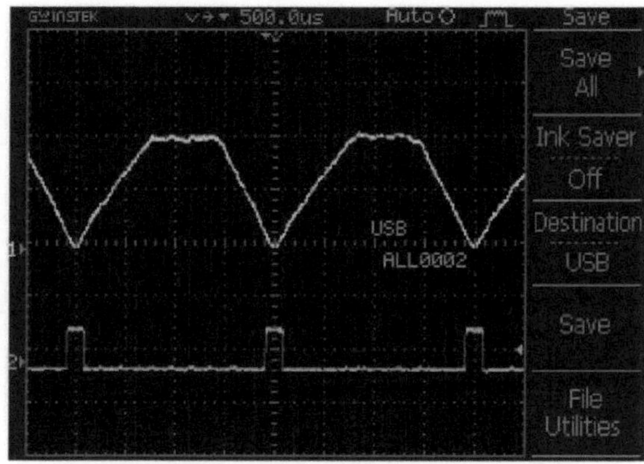

Fig. 5.2 Impulso rectificado e impulso de passagem por zero

O controlador considera estes impulsos de passagem por zero como uma interrupção externa. De acordo com a posição do potenciómetro, o controlador gera os impulsos de disparo do triac em relação aos impulsos de passagem por zero. Na figura 5.3, os primeiros impulsos são a passagem por zero e os segundos impulsos são os impulsos de disparo do triac. Estes impulsos movem-se em relação à passagem por zero.

Estes impulsos de controlo são fornecidos ao opto-isolador para o triac. Na fig. 5.4, o sinal CA é convertido em CA de controlo utilizando este impulso de controlo. Neste sistema, esta CA é convertida em CA de controlo de acordo com a posição do potenciómetro.

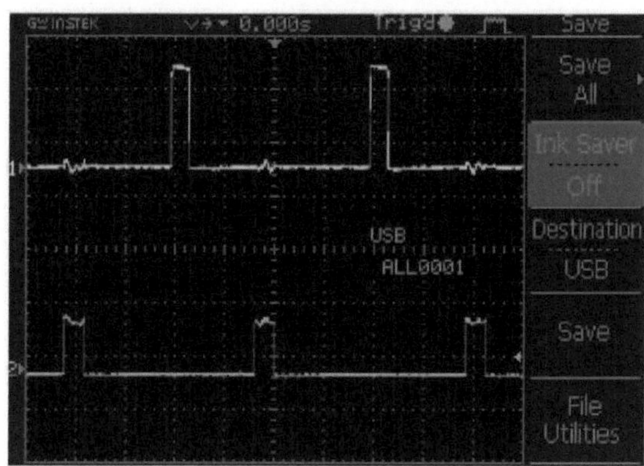

Fig.5.3 Impulso de cruzamento zero e impulso de disparo do triac

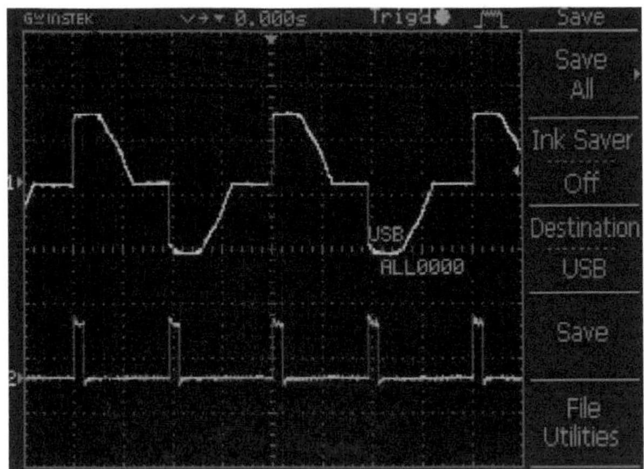

Fig.5.4 Sinal AC controlado e impulso de disparo

O segundo controlador é utilizado para gerar SPWM e para efeitos de visualização. A fig. 5.5 mostra os impulsos SPWM em CCP1 e CCP2. Quando os impulsos do CCP1 estão presentes, o CCP2 não tem impulsos e vice-versa.

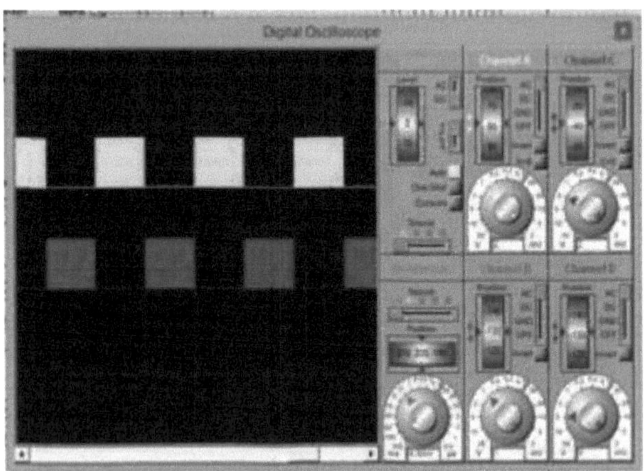

Fig.5.5 impulsos no CCP1 e CCP2

O meio ciclo total é dividido em 80 passos. Quando a onda sinusoidal é elevada, a largura do SPWM é máxima, como se mostra na fig. 5.6

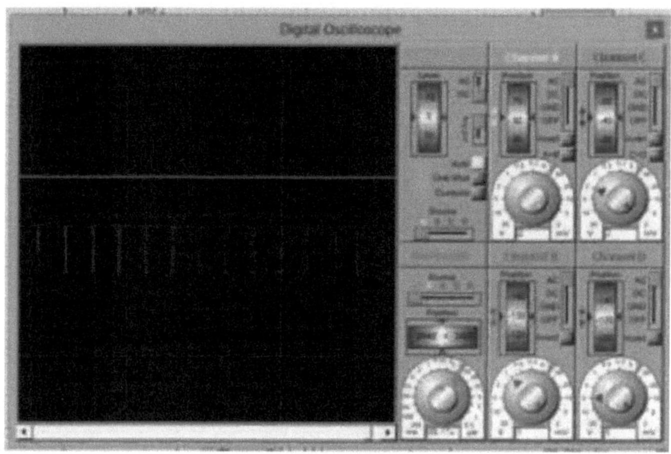

Fig 5.6 impulsos no CCP2

Na figura 5.7, vemos os impulsos SPWM em CCP1 e CCP2.

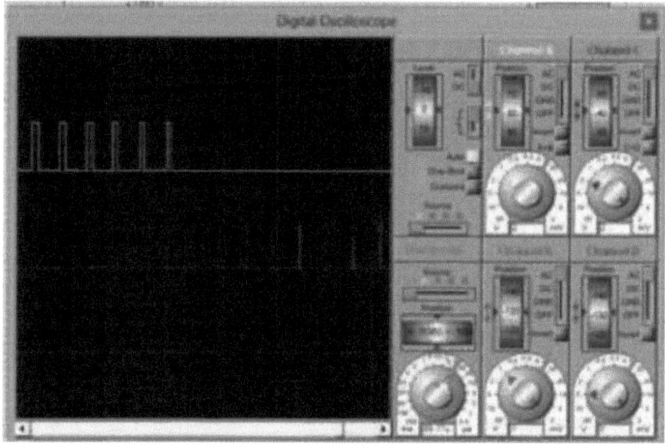

Fig 5.7 impulsos no nível zero

Os impulsos SPWM são fornecidos ao inversor. A tensão de saída do sistema pode ser alterada utilizando o primeiro controlador. Quando a carga significa que a lâmpada está ligada ao lado da saída. Quando o triac está totalmente aceso, a intensidade da lâmpada é máxima. A tensão CA de saída é de 61V CA.

Fig. 5.8 Saída com carga na queima máxima

De acordo com a posição do pote, a tensão é alterada e a intensidade da luz também muda. Assim, a tensão de saída muda de 61 V para 30 V. Nas fig. 5.9, fig. 5.10, fig. 5.11 e fig. 5.12, a tensão de saída é de 59 V, 57 V, 41 V e 38 V. Assim, a intensidade da lâmpada também muda.

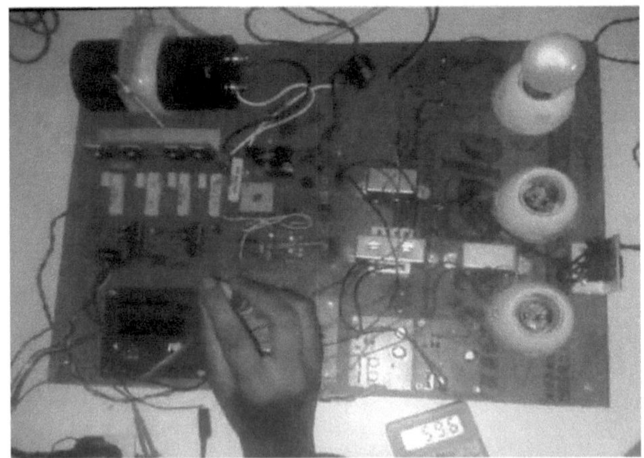

Fig. 5.9 Saída com a carga ao mudar o ângulo de disparo

Fig. 5.10 Saída com carga com alteração do ângulo de disparo

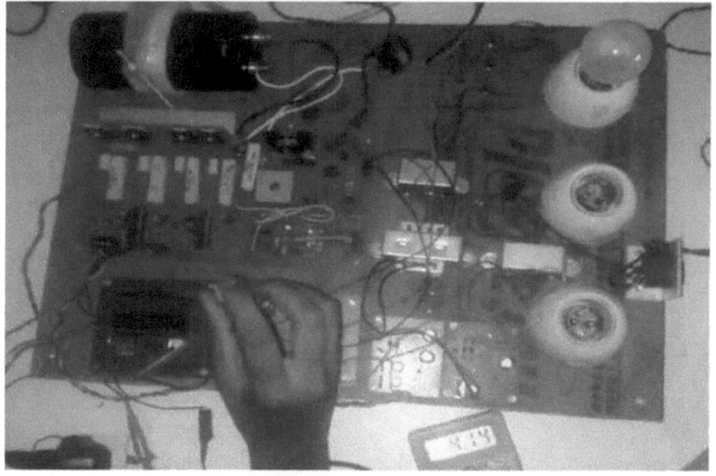

Fig. 5.11 Saída com carga com alteração do ângulo de disparo

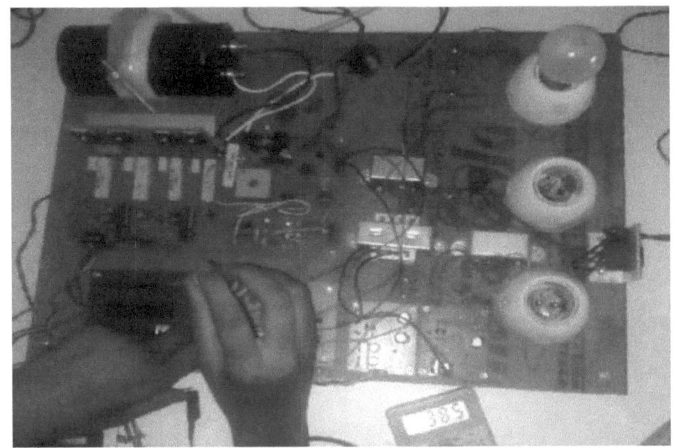

Fig. 5.12 Saída com carga com alteração do ângulo de disparo

A Fig. 5.13 mostra a onda de sinal na saída. No lado da saída, o filtro é projetado. Assim, esta forma de onda está presente através do filtro.

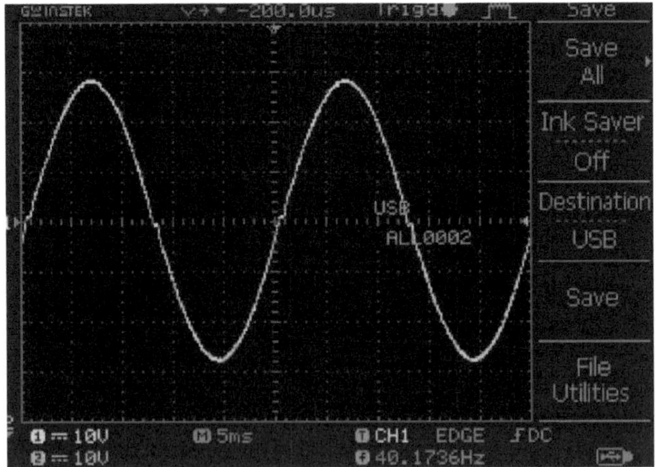

Fig 5.13 onda sinusoidal de saída a 40 Hz

Na fig. 5.13, a frequência da onda sinusoidal é de 40 Hz. Do mesmo modo, na fig. 5.14, fig. 5.15, fig. 5.16 e fig. 5.17 a frequência é de 44 Hz, 51 Hz, 60 Hz e 70 Hz.

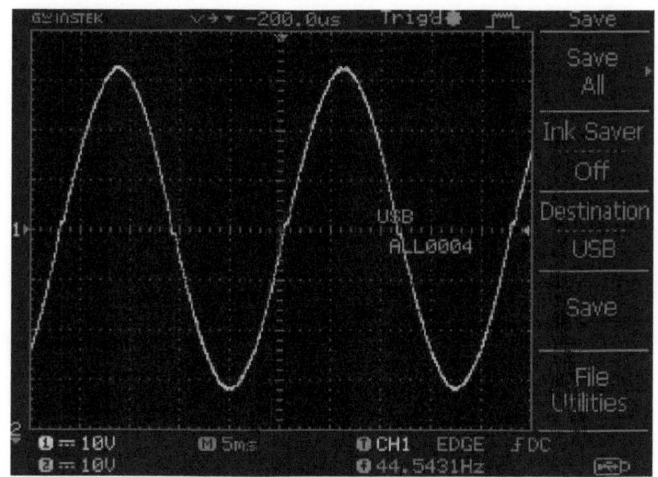

Fig 5.14 onda sinusoidal de saída a 44,5 Hz

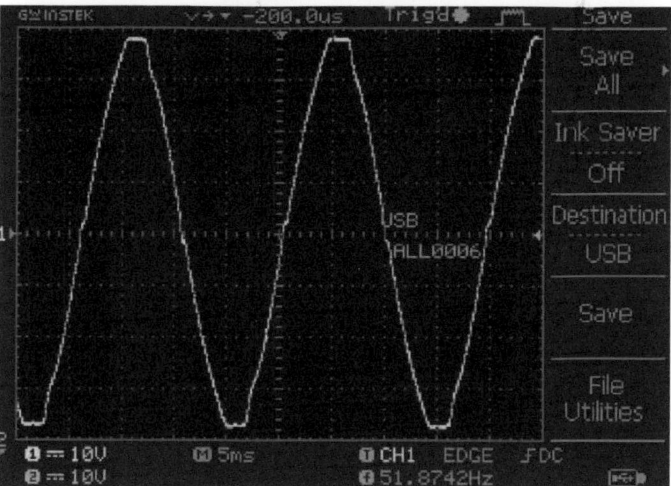

Fig 5.15 onda sinusoidal de saída a 51Hz

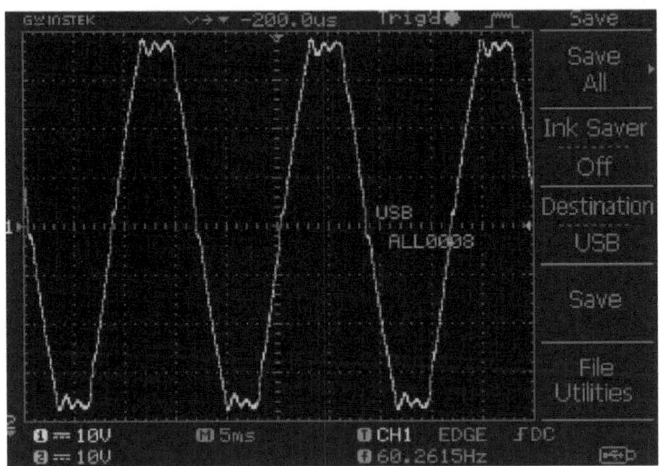

Fig 5.16 onda sinusoidal de saída a 60Hz

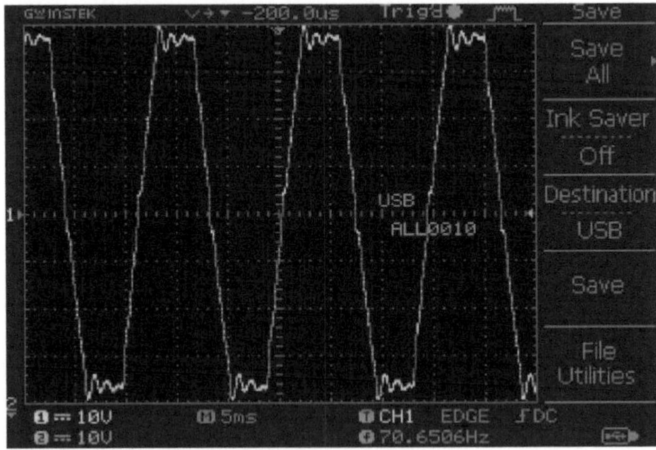

Fig 5.17 onda sinusoidal de saída a 70Hz

A tensão de saída e a frequência do sistema são apresentadas no ecrã LCD. A figura do ecrã é apresentada na fig. 5.18.

Fig 5.18Monitor LCD

5.3 OBSERVAÇÕES FINAIS

Neste capítulo, são apresentados os resultados finais da fonte de alimentação sinusoidal de tensão variável e frequência variável. As formas de onda dos sistemas são também apresentadas neste capítulo.

CAPÍTULO: 6

RESUMO E CONCLUSÃO

Atualmente, as fontes de energia dedicadas são um elemento importante para o novo tipo de equipamentos. Assim, são desenvolvidas diferentes técnicas para o inversor monofásico ou o inversor trifásico. Utilizando diferentes metodologias de geração de PWM e outras técnicas, obtém-se a saída desejada.

Para este efeito, o presente sistema foi concebido a baixo custo, com uma produção eficiente e estável. Neste trabalho de projeto, foi concebido um gerador de fonte de energia de tensão variável e frequência variável. Neste sistema, a ligação dc é concebida como um conversor ac-dc e um inversor dc-ac. O condensador pesado é ligado entre o retificador e o inversor para obter uma tensão CC estável que é fornecida à tensão de alimentação do inversor. Para efeitos de controlo, é utilizado o controlador PIC. Em comparação com o controlador DSP, o custo do controlador PIC é menor. O PWM é o coração do inversor. Para efeitos de maior estabilidade, é utilizada uma nova técnica PWM designada por SPWM. No PWM normal, é muito difícil manter a largura do passo constante e fixa, pelo que é utilizado o SPWM. Nesta técnica, a largura é alterada de acordo com a amplitude. Utilizando este sistema, podemos alterar a tensão e a frequência de acordo com a aplicação.

No capítulo 5, são apresentadas as formas de onda e os resultados. Este sistema gera uma tensão de saída de 30 a 80 V e uma frequência de 40 a 70 Hz no lado da saída. Quando se muda o potenciómetro para a tensão variável, a tensão é alterada numa duração de 30 V a 80 V. E isto pode ser visto utilizando uma lâmpada. Quando a tensão de entrada é baixa, a tensão de saída também é baixa e a intensidade da lâmpada também é baixa. Quando o pote varia, o ângulo de disparo é alterado e a tensão de saída também aumenta, pelo que a intensidade da lâmpada também aumenta e a frequência pode ser vista no DSO. A tensão de saída e a frequência são visualizadas no LCD que está ligado ao segundo controlador.

Por isso, esta fonte de energia sinusoidal de tensão variável e frequência variável é estável, fiável e tem a tensão e a frequência desejadas.

REFERÊNCIAS

[1]Pijus Kanti Sadhu, Gautam Sarkar , Anjan Rakshit, "Uma fonte de energia sinusoidal de tensão variável e frequência variável baseada em microcontrolador com uma nova estratégia de geração PWM", SciVerse ScienceDirect, Measurement 45 (2012) 59-67, 2012.

[2]R. K. Pongiannanl, Membro do IEEE, P. Selvabharathi2, N. Yadaiah, Membro Sénior do IEEE "FPGA Based Three Phase Sinusoidal PWM VVVF Controller", 978-1-61284-379-7/11 ,2011 IEEE.

[3]A. Salimi, S.Mansourpour, H.Ziar, E.Afjei, "Uma técnica de modulação simples e inovadora utilizada para obter a tensão de saída com uma frequência múltipla da frequência da tensão de entrada", 978-1-46735003-7/11, 2011 IEEE.

[4]Lin Chengwu, Liu Yan, Sun Bingbin, "Estudo sobre a tecnologia do inversor baseado em DSP e SPWM", 2011 IEEE.

[5]MrigankaSekhar Sur , S. N. Singh, Anumeha, PuspaKumari, "Simulation And Generation Of SPWM Waveform Using VHDL For FPGA Interfaced H Bridge Power Inverter", 2010 IEEE paper of International Conference on Industrial Electronics, Control and Robotics.

[6]Lin Jiaquan, Pi Jun , "A New Scheme of VVVF Inverter Using Line Voltage Diret PWM", The Ninth International Conference on Electronic Measurement & Instruments 978-1-4244-38648/09/2009 IEEE.

[7]N. D. Patel e U. K. Madawala , "A Bit-Stream Based PWM Technique for Variable Frequency Sinewave Generation", 978-1-4244-1742-1/08/2008 IEEE.

[8]Sandeep Kumar Singh, Harish Kumar, Kamal Singh, Amit Patel, "A Survey And Study Of Different Types Of Pwm Techniques Used In Induction Motor Drive" International Journal of Engineering Science & Advanced Technology, Volume-4, Issue-1, 018-122, ISSN: 2250-3676, 2014.

[9]Nazmul Islam Raju, Md. Shahinur Islam, TausifAli, Syed Ashraful Karim, "Estudo da técnica SPWM e simulação de um inversor trifásico PWM controlado por um circuito analógico (amplificador operacional) com redução de harmónicas", 978-1-4799-0400-6/13/2013 IEEE.

[10] Jaiswal, J.L. , Biswas, A. , Agarwal, V., "Implementation of Single phase matrix converter as generalized single phase converter", 2nd International Conference on Power, Control and Embedded Systems,10.1109/ICPCES.2012.6508123.

[11] Vinay, K.C. ; Shyam, H.N. ; Rishi, S. ; Moorthi, S. , "FPGA Based Implementation of VariableVoltage Variable-Frequency Controller for a Three Phase Induction Motor", Process Automation, Control and Computing (PACC),International Conference, 10.1109/PACC. 2011. 5978884 .

[12] Panda A., Pathak M.K., Srivastava S.P., "An Improved Power Converter for Standalone Photovoltaic System", Conferência Anual do IEEE na Índia (INDICON), 10.1109/ INDCON .2013. 6725917, 2013 .

[13] Jaiswal, J.L. , Biswas, A. , Agarwal, V., "Implementation of Single phase matrix converter as

generalized single phase converter", 2nd International Conference on Power, Control and Embedded Systems,10.1109/ICPCES.2012.6508123.

[14] MrigankaSekharSur , S. N. Singh, Anumeha, PuspaKumari, "Simulation And Generation Of SPWM Waveform Using VHDL For FPGA Interfaced H Bridge Power Inverter", 2010 International Conference on Industrial Electronics, Control and Robotics, 978-1-4244-85468/10/2010 IEEE.

[15] Sen, S., Datta, U.," Mathematical Modelling of Sinusoidal Pulse Width Modulated Signal and its Implementation on Microcontroller based Embedded System", India Conference (INDICON), Annual IEEE, 10.1109/INDCON.2010.5712735

[16] Lin Jiaquan, Pi Jun, "A New Scheme of VVVF Inverter Using Line Voltage Diret PWM", The Ninth International Conference on Electronic Measurement & Instrument, 10.1109/ ICEMI. 2009.5274223.

[17] Chien-Ming Wang , Ching-Hung Su , "A Novel Common-Neutral Single-Stage Single-Phase AC/DC/AC Converter with High Input Power Fator",Power Electronics Specialists Conference, PESC '06. 37ª IEEE, 10.1109/PESC.2006.1711891

[18] N. Matsui e F. Kurokawa , "Improvement of Transient Response of ThermalPower Plant Using VVVF Inverter",PEDS 2007,1-4244-0645-5/07/2007 IEEE.

[19] Yang Ping, Shiping Yang , "An Improved Algorithm for Harmonic Suppression of VVVF",Mechatronics and Automation, 2005 IEEE International Conference , 10.1109 /ICMA. 2005. 1626764.

[20] Zhang Chenghui , Zeng Yi , Liu Lizhi , Jia Lei , "Conceção e aplicação de realimentação não linear

Control System for SPWM Inverter Fed Induction Motor Drive", Industrial Technology, Proceedings of the IEEE International Conference ,10.1109/ICIT.1994.467076.

Livros

[1] M.H. Rashid, "Power Electronics: Circuits, Devices and Applications", terceira ed., Prentice Hall of India Private Limited, 2005.

[2] Muhammad Ali Mazidi, Rolind D. Mckinlay, Danny Causey, "PIC Microcontroller & Embedded Systems", publicação PEARSON.

[3] BimalK.Bose, Power Electronics and Variable Frequency Drives, Standard Publishers Distributors, 2000.

APÊNDICE A

1] ESQUEMA E DISPOSIÇÃO DO CIRCUITO DE POTÊNCIA

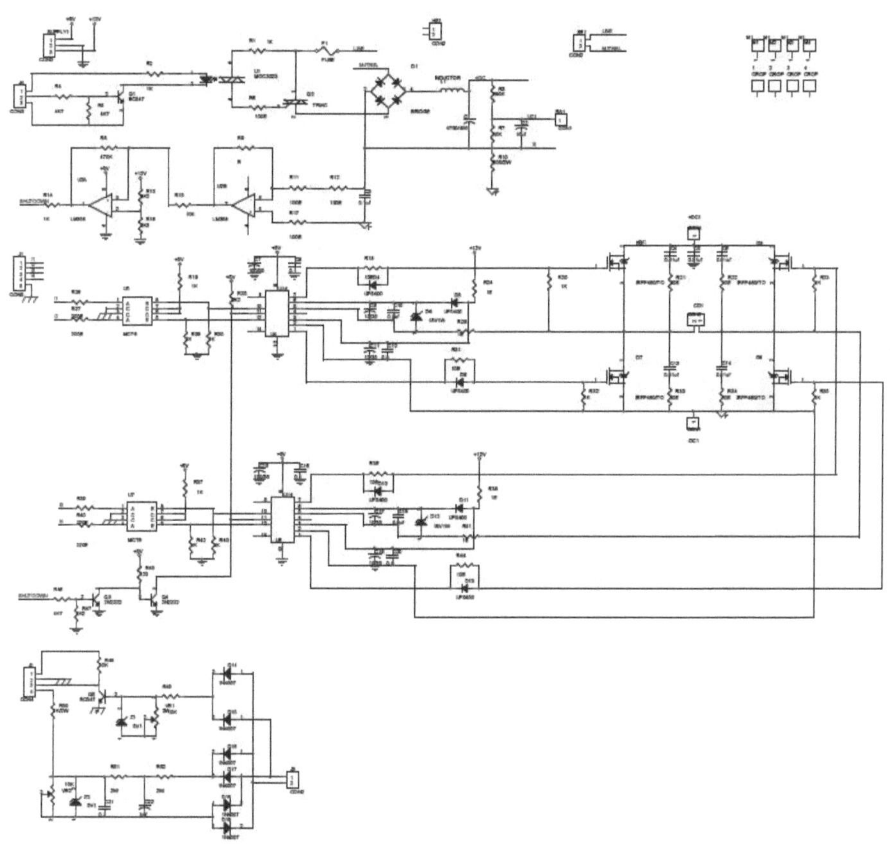

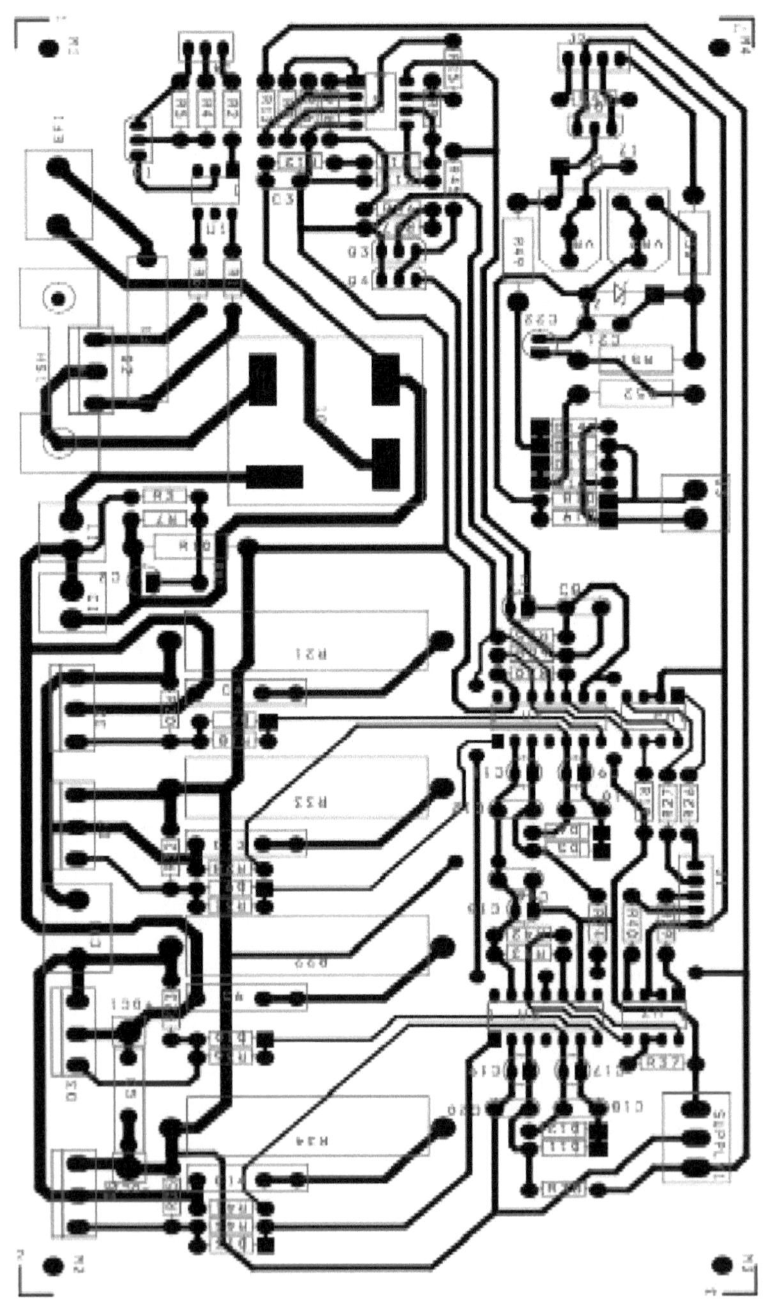

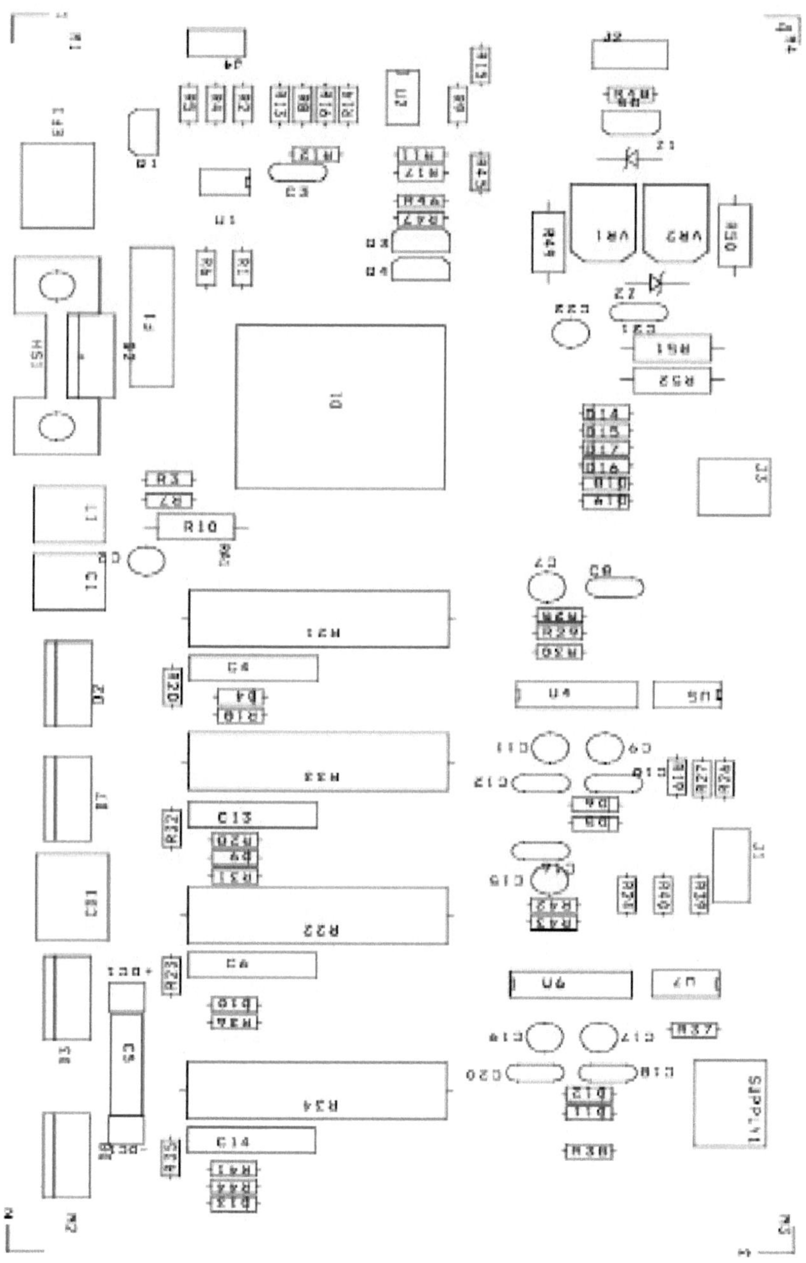

2] ESQUEMA E DISPOSIÇÃO DO PRIMEIRO CONTROLADOR

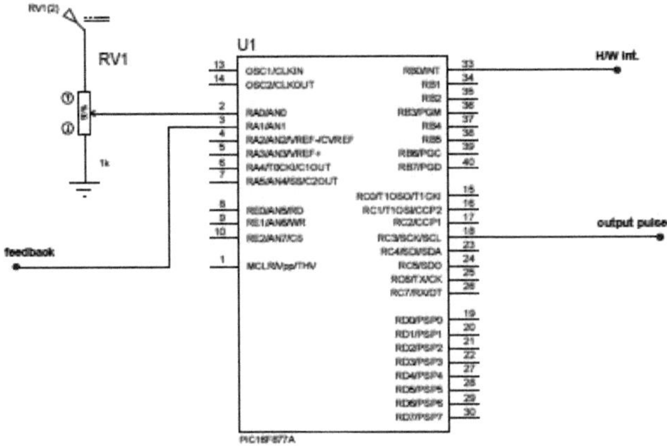

3] ESQUEMA E DISPOSIÇÃO DO SEGUNDO CONTROLADOR

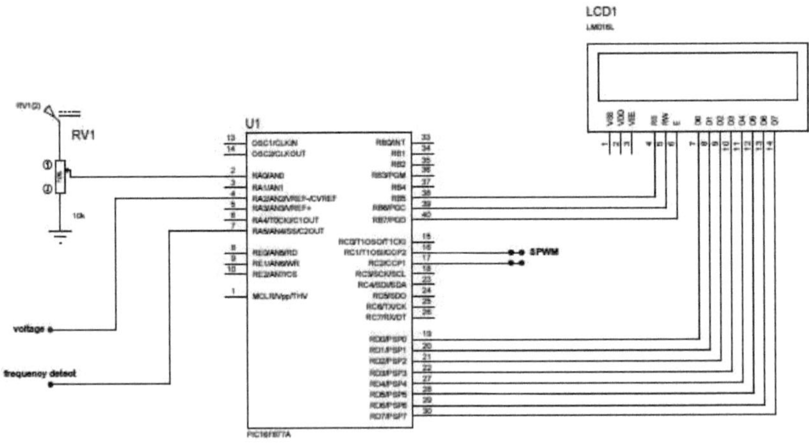

APÊNDICE B

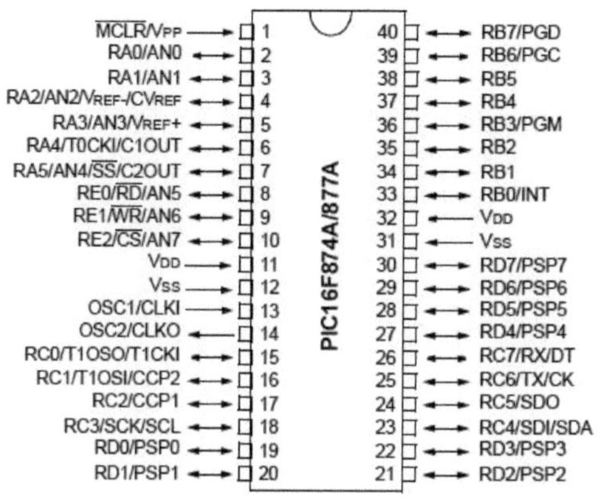

1) MICROCONTROLADOR CPU RISC de elevado desempenho: -

Apenas 35 instruções de uma só palavra para aprender

- Todas as instruções de ciclo único, exceto as ramificações de programa, que são de dois ciclos
- Velocidade de funcionamento: DC - 20 MHz entrada de relógio DC - 200 ns ciclo de instrução
- Até 8K x 14 palavras de memória de programa Flash, até 368 x 8 bytes de memória de dados (RAM), até 256 x 8 bytes de memória de dados EEPROM - Pinagem compatível com outros microcontroladores PIC16CXXX e PIC16FXXX de 28 pinos ou 40/44 pinos

Caraterísticas periféricas:

- TimerO: Temporizador/contador de 8 bits com pré-escalonamento de 8 bits
- Timerl: Temporizador/contador de 16 bits com pré-escalonamento, pode ser incrementado durante o modo de espera através de cristal/clock externo
- Temporizador2: Temporizador/contador de 8 bits com registo de período de 8 bits, pré-escalonador e pós-escalonador
- Dois módulos de captura, comparação e PWM

- A captura é de 16 bits, a resolução máxima é de 12,5 ns
- A comparação é de 16 bits, a resolução máxima é de 200 ns
- A resolução máxima do PWM é de 10 bits

- Porta série síncrona (SSP) com SPI™ (modo mestre) e I2C™ (mestre/escravo)
- Transmissor recetor assíncrono síncrono universal (USART/SCI) com deteção de endereço de 9 bits
- Porta Paralela Escrava (PSP) - 8 bits de largura com controlos externos RD, WR e CS (apenas 40/44 pinos)
- Circuito de deteção de Brown-out para reposição de Brown-out (BOR)

Caraterísticas especiais do microcontrolador:

- 100.000 ciclos de apagamento/escrita Memória de programa Flash melhorada típica
- 1.000.000 ciclos de apagamento/escrita Memória EEPROM de dados típica
- Retenção da EEPROM de dados > 40 anos

- Auto-programável sob controlo de software
- In-Circuit Serial Programming™ (ICSP™) através de dois pinos
- Programação em série no circuito com alimentação única de 5V
- Temporizador Watchdog (WDT) com o seu próprio oscilador RC integrado para um funcionamento fiável
- Proteção de código programável
- Poupança de energia Modo de espera
- Opções de oscilador selecionáveis
- Depuração no circuito (ICD) através de dois pinos

Caraterísticas analógicas:

- Conversor analógico-digital (A/D) de 10 bits, até 8 canais
- Reposição de Brown-out (BOR)
- Módulo comparador analógico com:

- Dois comparadores analógicos

- Módulo de referência de tensão programável na pastilha (VREF)

- Multiplexagem de entrada programável a partir das entradas do dispositivo e da referência de tensão interna

Caraterísticas do dispositivov

Key Features	PIC16F877A
Operating Frequency	DC – 20 MHz
Resets (and Delays)	POR, BOR (PWRT, OST)
Flash Program Memory (14-bit words)	8K
Data Memory (bytes)	368
EEPROM Data Memory (bytes)	256
Interrupts	15
I/O Ports	Ports A, B, C, D, E
Timers	3
Capture/Compare/PWM modules	2
Serial Communications	MSSP, USART
Parallel Communications	PSP
10-bit Analog-to-Digital Module	8 input channels
Analog Comparators	2
Instruction Set	35 Instructions
Packages	40-pin PDIP 44-pin PLCC 44-pin TQFP 44-pin QFN

1.1Registo INTCON

O registo INTCON é um registo que pode ser lido e escrito e que contém vários bits de ativação e de sinalização para o estouro do registo TMR0, a alteração da porta RB e as interrupções externas do pino RB0/INT.

REGISTO INTCON (ENDEREÇO 0Bh, 8Bh, 10Bh, 18Bh)

R/W-0	R/W-0	R/W-0	R/W-0	R/W-0	R/W-0	R/W-0	R/W-x
GIE	PEIE	TMR0IE	INTE	RBIE	TMR0IF	INTF	RBIF
bit 7							bit 0

bit 7 **GIE:** Bit de ativação de interrupção global

1 = Ativa todas as interrupções não mascaradas

0 = Desactiva todas as interrupções

bit 6 **PEIE**: Bit de ativação de interrupção periférica

1 = Ativa todas as interrupções periféricas não mascaradas

0 = Desactiva todas as interrupções periféricas

bit 5 **TMR0IE**: Bit de ativação da interrupção por estouro de TMR0

1 = Ativa a interrupção TMR0

0 = Desactiva a interrupção TMR0

bit 4 **INTE**: Bit de ativação de interrupção externa RB0/INT

1 = Ativa a interrupção externa RB0/INT

0 = Desactiva a interrupção externa RB0/INT

bit 3 **RBIE**: Bit de ativação de interrupção de mudança de porta RB

1 = Ativa a interrupção de mudança do porto RB

0 = Desactiva a interrupção de mudança do porto RB

bit 2 **TMR0IF**: Bit de sinalização de interrupção de estouro de TMR0

1 = O registo TMR0 transbordou (tem de ser eliminado por software)

0 = O registo TMR0 não transbordou

bit 1 **INTF**: Bit de sinalização de interrupção externa RB0/INT

1 = Ocorreu a interrupção externa RB0/INT (tem de ser desactivada por software)

0 = A interrupção externa RB0/INT não ocorreu

bit 0 **RBIF**: Bit de sinalização de interrupção de mudança de porta RB

1 = Pelo menos um dos pinos RB7:RB4 mudou de estado; uma condição de incompatibilidade continuará a definir o bit. A leitura de PORTB terminará a condição de incompatibilidade e permitirá que o bit seja apagado (deve ser apagado no software).

0 = Nenhum dos pinos RB7:RB4 mudou de estado

Legend:			
R = Readable bit	W = Writable bit	U = Unimplemented bit, read as '0'	
- n = Value at POR	'1' = Bit is set	'0' = Bit is cleared	x = Bit is unknown

1.2PORTA e o Registo TRISA

PORTA é uma porta bidirecional de 6 bits de largura. O registo de direção de dados correspondente é TRISA. A definição de um bit TRISA (= 1) tornará o pino PORTA correspondente numa entrada (ou seja, colocará o controlador de saída correspondente num modo de alta impedância). Limpar um bit TRISA (= 0) tornará o pino PORTA correspondente uma saída (ou seja, colocará o conteúdo do latch de saída no pino selecionado). A leitura do registo PORTA permite ler o estado dos pinos, enquanto que a escrita no mesmo permite escrever no latch da porta. Todas as operações de escrita são operações de leitura-modificação-escrita. Portanto, uma escrita numa porta implica que os pinos da porta são lidos, o valor é modificado e depois escrito no latch de dados da porta. O pino RA4 é multiplexado com a entrada de relógio do módulo Timer0 para se tornar o pino RA4/T0CKI. O pino RA4/T0CKI é uma entrada Schmitt Trigger e uma saída de dreno aberto. Todos os outros pinos PORTA têm níveis de entrada TTL e drivers de saída CMOS completos. Outros pinos PORTA são multiplexados com entradas analógicas e a entrada analógica VREF para os conversores A/D e os comparadores. A operação de cada pino é selecionada limpando/configurando os bits de controlo apropriados nos registos ADCON1 e/ou CMCON. O registo TRISA controla a direção dos pinos da porta mesmo quando estão a ser utilizados como entradas analógicas. O utilizador deve garantir que os bits no registo TRISA são mantidos definidos quando são utilizados como entradas analógicas.

1.3MÓDULO CONVERSOR ANALÓGICO-DIGITAL (A/D)

O módulo conversor analógico-digital (A/D) tem cinco entradas para os dispositivos de 28 pinos e oito para os dispositivos de 40/44 pinos. A conversão de um sinal de entrada analógico resulta num número digital de 10 bits correspondente. O módulo A/D tem uma entrada de referência de alta e baixa tensão que pode ser selecionada por software para uma combinação de VDD, VSS, RA2 ou RA3. O conversor A/D tem a caraterística única de poder funcionar enquanto o dispositivo está no modo de suspensão. Para funcionar em modo de suspensão, o relógio A/D deve ser derivado do oscilador RC interno do A/D.

O módulo A/D tem quatro registos. Estes registos são:

- Registo Superior de Resultados A/D (ADRESH)
- Registo inferior de resultados A/D (ADRESL)
- Registo de controlo A/D 0 (ADCON0)
- Registo de controlo A/D 1 (ADCON1)

O registo ADCON0, apresentado no Registo 11-1, controla o funcionamento do módulo A/D. O registo ADCON1, mostrado no Registo 11-2, configura as funções dos pinos da porta. Os pinos da porta podem ser configurados como entradas analógicas (RA3 também pode ser a referência de tensão) ou como E/S digitais.

REGISTO ADCON0 (ENDEREÇO 1Fh)

R/W-0	R/W-0	R/W-0	R/W-0	R/W-0	R/W-0	U-0	R/W-0
ADCS1	ADCS0	CHS2	CHS1	CHS0	GO/$\overline{DONE}$	—	ADON
bit 7							bit 0

bit 7-6 **ADCS1:ADCS0:** Bits de seleção do relógio de conversão A/D (bits ADCON0 em **negrito**)

ADCON1 <ADCS2>	ADCON0 <ADCS1:ADCS0>	Clock Conversion
0	**00**	Fosc/2
0	**01**	Fosc/8
0	**10**	Fosc/32
0	**11**	FRC (clock derived from the internal A/D RC oscillator)
1	**00**	Fosc/4
1	**01**	Fosc/16
1	**10**	Fosc/64
1	**11**	FRC (clock derived from the internal A/D RC oscillator)

bit 5-3 **CHS2:CHS0:** Bits de seleção de canal analógico

000 = Canal 0 (AN0)

001 = Canal 1 (AN1)

010 = Canal 2 (AN2)

011 = Canal 3 (AN3)

100 = Canal 4 (AN4)

101 = Canal 5 (AN5)

110 = Canal 6 (AN6)

111 = Canal 7 (AN7)

Nota: Os dispositivos PIC16F873A/876A apenas implementam os canais A/D 0 a 4; as selecções não implementadas estão reservadas. Não selecionar nenhum canal não implementado com estes dispositivos.

bit 2 **GO/DONE:** Bit de estado da conversão A/D

Quando ADON = 1:

1 = Conversão A/D em curso (a definição deste bit inicia a conversão A/D que é automaticamente apagada pelo hardware quando a conversão A/D estiver concluída)

0 = Conversão A/D não em curso

bit 1 **Não implementado:** Lido como '0'

bit 0 **ADON:** Bit de ligação A/D

1 = O módulo conversor A/D está ligado

0 = O módulo conversor A/D está desligado e não consome corrente de funcionamento

REGISTO ADCON1 (ENDEREÇO 9Fh)

R/W-0	R/W-0	U-0	U-0	R/W-0	R/W-0	R/W-0	R/W-0
ADFM	ADCS2	—	—	PCFG3	PCFG2	PCFG1	PCFG0
bit 7							bit 0

bit 7 **ADFM:** Bit de seleção do formato do resultado A/D

1 = Justificado à direita. Seis (6) bits mais significativos de ADRESH são lidos como '0'.

0 = Justificado à esquerda. Seis (6) bits menos significativos de ADRESL são lidos como "0".

bit 6 **ADCS2:** Bit de seleção do relógio de conversão A/D (bits ADCON1 na área sombreada e em **negrito**)

ADCON1 <ADCS2>	ADCON0 <ADCS1:ADCS0>	Clock Conversion
0	00	FOSC/2
0	01	FOSC/8
0	10	FOSC/32
0	11	FRC (clock derived from the internal A/D RC oscillator)
1	00	FOSC/4
1	01	FOSC/16
1	10	FOSC/64
1	11	FRC (clock derived from the internal A/D RC oscillator)

bit 5-4 **Não implementado:** Lido como '0'

bit 3-0 **PCFG3:PCFG0:** Bits de controlo da configuração do porto A/D

PCFG <3:0>	AN7	AN6	AN5	AN4	AN3	AN2	AN1	AN0	VREF+	VREF-	C/R
0000	A	A	A	A	A	A	A	A	VDD	VSS	8/0
0001	A	A	A	A	VREF+	A	A	A	AN3	VSS	7/1
0010	D	D	D	A	A	A	A	A	VDD	VSS	5/0
0011	D	D	D	A	VREF+	A	A	A	AN3	VSS	4/1
0100	D	D	D	D	A	D	A	A	VDD	VSS	3/0
0101	D	D	D	D	VREF+	D	A	A	AN3	VSS	2/1
011x	D	D	D	D	D	D	D	D	—	—	0/0
1000	A	A	A	A	VREF+	VREF-	A	A	AN3	AN2	6/2
1001	D	D	A	A	A	A	A	A	VDD	VSS	6/0
1010	D	D	A	A	VREF+	A	A	A	AN3	VSS	5/1
1011	D	D	A	A	VREF+	VREF-	A	A	AN3	AN2	4/2
1100	D	D	D	A	VREF+	VREF-	A	A	AN3	AN2	3/2
1101	D	D	D	D	VREF+	VREF-	A	A	AN3	AN2	2/2
1110	D	D	D	D	D	D	D	A	VDD	VSS	1/0
1111	D	D	D	D	VREF+	VREF-	D	A	AN3	AN2	1/2

A = Entrada analógica D = E/S digital

C/R = # de canais de entrada analógica/# de referências de tensão A/D

Os registos ADRESH:ADRESL contêm o resultado de 10 bits da conversão A/D. Quando a conversão A/D está completa, o resultado é carregado neste par de registos de Resultado A/D, o bit GO/DONE (ADCON0<2>) é apagado e o bit de sinalização de interrupção A/D ADIF é definido. Depois de o módulo A/D ter sido configurado como desejado, o canal selecionado deve ser adquirido antes de a conversão ser iniciada. Os canais de entrada analógica devem ter os seus bits TRIS correspondentes selecionados como entradas.

Para efetuar uma conversão A/D, siga estes passos:

1. Configurar o módulo A/D:

- Configurar os pinos analógicos/referência de tensão e E/S digitais (ADCON1)
- Selecionar o canal de entrada A/D (ADCON0)
- Selecionar relógio de conversão A/D (ADCON0)
- Ligar o módulo A/D (ADCON0)

2. Configurar a interrupção A/D (se pretendido):

- Limpar bit ADIF
- Definir bit ADIE
- Definir bit PEIE
- Definir bit GIE

3. Aguardar o tempo de aquisição necessário.

4. Iniciar a conversão:

- Definir o bit GO/DONE (ADCON0)

5. Aguardar que a conversão A/D seja concluída:

- Sondagem para que o bit GO/DONE seja apagado (interrupções desactivadas); OU
- À espera da interrupção A/D

6. Ler o par de registos de resultados A/D (ADRESH:ADRESL), limpar o bit ADIF se necessário.

7. Para a conversão seguinte, passar ao passo 1 ou ao passo 2, conforme necessário. O tempo de conversão A/D por bit é definido como TAD.

2) MOSFET DE POTÊNCIA: IRFP460

ABSOLUTE MAXIMUM RATINGS T_C = 25 °C, unless otherwise noted					
PARAMETER			SYMBOL	LIMIT	UNIT
Drain-Source Voltage			V_{DS}	500	V
Gate-Source Voltage			V_{GS}	± 20	
Continuous Drain Current	V_{GS} at 10 V	T_C = 25 °C	I_D	20	A
		T_C = 100 °C		13	
Pulsed Drain Current[a]			I_{DM}	80	
Linear Derating Factor				2.2	W/°C
Single Pulse Avalanche Energy[b]			E_{AS}	960	mJ
Repetitive Avalanche Current[a]			I_{AR}	20	A
Repetitive Avalanche Energy[a]			E_{AR}	28	mJ
Maximum Power Dissipation	T_C = 25 °C		P_D	280	W
Peak Diode Recovery dV/dt[c]			dV/dt	3.5	V/ns
Operating Junction and Storage Temperature Range			T_J, T_{stg}	- 55 to + 150	°C
Soldering Recommendations (Peak Temperature)	for 10 s			300[d]	
Mounting Torque	6-32 or M3 screw			10	lbf · in
				1.1	N · m

Notes

a. Repetitive rating; pulse width limited by maximum junction temperature (see fig. 11).

b. V_{DD} = 50 V, starting T_J = 25 °C, L = 4.3 mH, R_G = 25 Ω, I_{AS} = 20 A (see fig. 12).

c. $I_{SD} \leq 20$ A, dI/dt ≤ 160 A/µs, $V_{DD} \leq V_{DS}$, $T_J \leq 150$ °C.

d. 1.6 mm from case.

PRODUCT SUMMARY		
V_{DS} (V)	500	
$R_{DS(on)}$ (Ω)	V_{GS} = 10 V	0.27
Q_g (Max.) (nC)	210	
Q_{gs} (nC)	29	
Q_{gd} (nC)	110	
Configuration	Single	

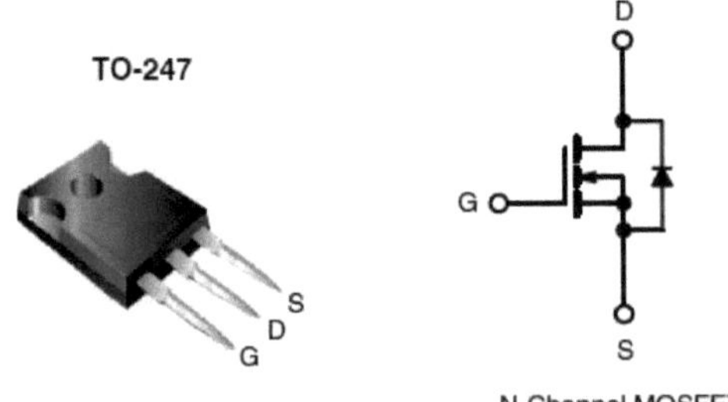

N-Channel MOSFET

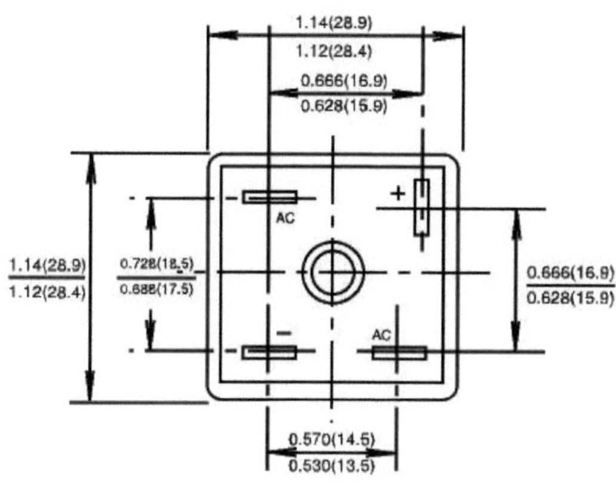
1.14(28.9)
1.12(28.4)
0.666(16.9)
0.628(15.9)
+
AC
1.14(28.9)
1.12(28.4)
0.728(18.5)
0.688(17.5)
0.666(16.9)
0.628(15.9)
−
AC
0.570(14.5)
0.530(13.5)

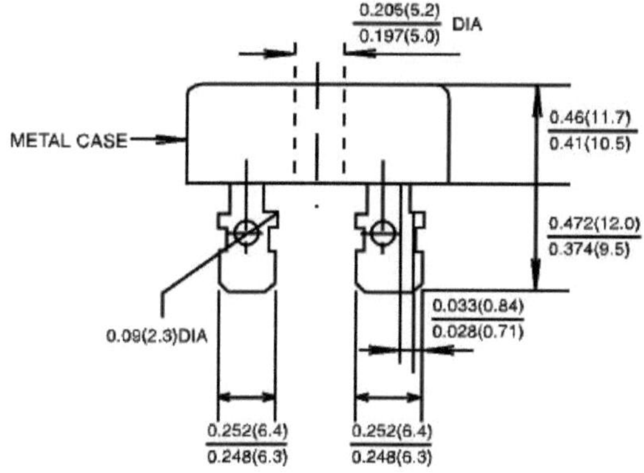
0.205(5.2)
0.197(5.0)
DIA
METAL CASE
0.46(11.7)
0.41(10.5)
0.472(12.0)
0.374(9.5)
0.033(0.84)
0.028(0.71)
0.09(2.3)DIA
0.252(6.4)
0.248(6.3)
0.252(6.4)
0.248(6.3)

THERMAL RESISTANCE RATINGS				
PARAMETER	SYMBOL	TYP.	MAX.	UNIT
Maximum Junction-to-Ambient	R_{thJA}	-	40	°C/W
Case-to-Sink, Flat, Greased Surface	R_{thCS}	0.24	-	
Maximum Junction-to-Case (Drain)	R_{thJC}	-	0.45	

SPECIFICATIONS T_J = 25 °C, unless otherwise noted						
PARAMETER	SYMBOL	TEST CONDITIONS	MIN.	TYP.	MAX.	UNIT
Static						
Drain-Source Breakdown Voltage	V_{DS}	V_{GS} = 0 V, I_D = 250 µA	500	-	-	V
V_{DS} Temperature Coefficient	$\Delta V_{DS}/T_J$	Reference to 25 °C, I_D = 1 mA	-	0.63	-	V/°C
Gate-Source Threshold Voltage	$V_{GS(th)}$	V_{DS} = V_{GS}, I_D = 250 µA	2.0	-	4.0	V
Gate-Source Leakage	I_{GSS}	V_{GS} = ± 20 V	-	-	± 100	nA
Zero Gate Voltage Drain Current	I_{DSS}	V_{DS} = 500 V, V_{GS} = 0 V	-	-	25	µA
		V_{DS} = 400 V, V_{GS} = 0 V, T_J = 125 °C	-	-	250	
Drain-Source On-State Resistance	$R_{DS(on)}$	V_{GS} = 10 V; I_D = 12 A[b]	-	-	0.27	Ω
Forward Transconductance	g_{fs}	V_{DS} = 50 V, I_D = 12 A[b]	13	-	-	S
Dynamic						
Input Capacitance	C_{iss}	V_{GS} = 0 V, V_{DS} = 25 V, f = 1.0 MHz, see fig. 5	-	4200	-	pF
Output Capacitance	C_{oss}		-	870	-	
Reverse Transfer Capacitance	C_{rss}		-	350	-	
Total Gate Charge	Q_g	V_{GS} = 10 V; I_D = 20 A, V_{DS} = 400 V see fig. 6 and 13[b]	-	-	210	nC
Gate-Source Charge	Q_{gs}		-	-	29	
Gate-Drain Charge	Q_{gd}		-	-	110	
Turn-On Delay Time	$t_{d(on)}$	V_{DD} = 250 V, I_D = 20 A, R_G = 4.3 Ω, R_D = 13 Ω, see fig. 10[b]	-	18	-	ns
Rise Time	t_r		-	59	-	
Turn-Off Delay Time	$t_{d(off)}$		-	110	-	
Fall Time	t_f		-	58	-	
Internal Drain Inductance	L_D	Between lead, 6 mm (0.25") from package and center of die contact	-	5.0	-	nH
Internal Source Inductance	L_S		-	13	-	
Drain-Source Body Diode Characteristics						
Continuous Source-Drain Diode Current	I_S	MOSFET symbol showing the integral reverse p - n junction diode	-	-	20	A
Pulsed Diode Forward Current[a]	I_{SM}		-	-	80	
Body Diode Voltage	V_{SD}	T_J = 25 °C, I_S = 20 A, V_{GS} = 0 V[b]	-	-	1.8	V
Body Diode Reverse Recovery Time	t_{rr}	T_J = 25 °C, I_F = 20A, dI/dt = 100 A/µs[b]	-	570	860	ns
Body Diode Reverse Recovery Charge	Q_{rr}		-	5.7	8.6	µC
Forward Turn-On Time	t_{on}	Intrinsic turn-on time is negligible (turn-on is dominated by L_S and L_D)				

Notes

a. Repetitive rating; pulse width limited by maximum junction temperature (see fig. 11).

b. Pulse width ≤ 300 µs; duty cycle ≤ 2 %.

3) RECTIFICADOR MONOFÁSICO EM PONTE

CARACTERÍSTICAS

_Faixa de tensão 50 a 1000 Volts

_Corrente 35 Amperes

_Baixo custo

_Esta série é reconhecida pela UL

Elevada capacidade de corrente de pico para a frente

O dissipador de calor moldado integralmente proporciona uma resistência térmica muito baixa.

Elevada tensão de isolamento da caixa para os terminais.

Garantia de soldadura a alta temperatura:

260°C/10 segundos, a uma tensão de 5 lbs. (2,3kg).

DADOS MECÂNICOS

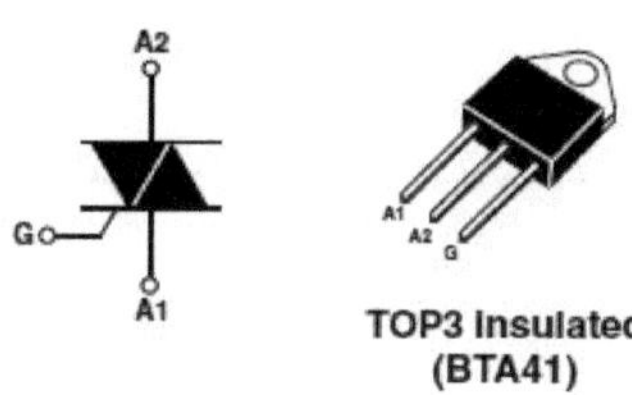

TOP3 Insulated (BTA41)

Caixa: Caixa metálica

Terminal: Terminal chapeado de 0,25" (6,35 mm). Polaridade: Símbolos de polaridade marcados na caixa. Montagem: Furo passante para parafuso nº 10, 20 pol., lbs. Torque Máx.

_Peso: 1,02 onças, 29 gramas

POTÊNCIAS MÁXIMAS E CARACTERÍSTICAS ELÉCTRICAS

Valores nominais à temperatura ambiente de 25_, exceto se especificado em contrário Carga monofásica, meia onda, 60Hz, resistiva ou indutiva.

Para cargas capacitivas, reduzir a corrente em 20%

4) BTA41

Caraterísticas

- TRIAC de alta corrente
- Baixa resistência térmica com ligação por clipes
- Elevada capacidade de comutação
- Série BTA com certificação UL1557 (Ref. do ficheiro: 81734)
- As embalagens são compatíveis com RoHS (2002/95/CE)

Aplicações

- Função On/Off em relés estáticos, regulação de aquecimento, circuitos de arranque de motores de indução
- Operações de controlo de fase em reguladores de intensidade luminosa, controladores de velocidade do motor e similares

Descrição

Disponível em pacotes de alta potência, a série BTA/BTB40-41 é adequada para comutação CA de uso geral. A série BTA fornece um separador isolado (classificado a 2500 V rms)

Table 1. Device summary

Symbol	Parameter	BTA40[1]	BTA41[1]	BTB41	Unit
$I_{T(RMS)}$	On-state rms current	40	41	41	A
V_{DRM}/V_{RRM}	Repetitive peak off-state voltage	600 and 800	600 and 800	600 and 800	V
I_{GT}	Triggering gate current	50	50	50	mA

Table 2. Absolute maximum ratings

Symbol	Parameter			Value	Unit
$I_{T(RMS)}$	On-state rms current (full sine wave)	TOP3	$T_c = 95$ °C	40	A
		RD91 / TOP ins.	$T_c = 80$ °C		
I_{TSM}	Non repetitive surge peak on-state current (full cycle, T_j initial = 25 °C)	F = 50 Hz	t = 20 ms	400	A
		F = 60 Hz	t = 16.7 ms	420	
I^2t	I^2t Value for fusing	$t_p = 10$ ms		1000	A^2s
dI/dt	Critical rate of rise of on-state current $I_G = 2 \times I_{GT}$, $t_r \leq 100$ ns	F = 120 Hz	$T_j = 125$ °C	50	A/µs
V_{DSM}/V_{RSM}	Non repetitive surge peak off-state voltage	$t_p = 10$ ms	$T_j = 25$ °C	V_{DSM}/V_{RSM} + 100	V
I_{GM}	Peak gate current	$t_p = 20$ µs	$T_j = 125$ °C	8	A
$P_{G(AV)}$	Average gate power dissipation		$T_j = 125$ °C	1	W
T_{stg} T_j	Storage junction temperature range Operating junction temperature range			- 40 to + 150 - 40 to + 125	°C

5) IR2110 (condutor de lado alto e baixo)

Pin			Pin
8		HO	7
9	VDD	VB	6
10	HIN	VS	5
11	SD		4
12	LIN	VCC	3
13	VSS	COM	2
14		LO	1

14 Lead PDIP

Caraterísticas

- Canal flutuante concebido para funcionamento de arranque Totalmente operacional a +500V ou +600V Tolerante a tensão transitória negativa dV/dt imune
- Gama de alimentação do gate drive de 10 a 20V
- Bloqueio de subtensão para ambos os canais
- Compatível com a lógica de 3,3 V Gama de alimentação lógica separada de 3,3 V a 20 V Desvio de ±5 V da lógica e da alimentação
- Entradas CMOS acionadas por Schmitt com pull-down

- Lógica de desligamento acionada por borda ciclo a ciclo

- Atraso de propagação igual para ambos os canais

- Saídas em fase com entradas
- Também disponível sem chumbo

Descrição

Os IR2110/IR2113 são controladores de MOSFET e IGBT de potência de alta tensão e alta velocidade com canais de saída referenciados independentes do lado alto e baixo. As tecnologias proprietárias HVIC e CMOS imunes a trincos permitem uma construção monolítica robusta. As entradas lógicas são compatíveis com a saída CMOS ou LSTTL padrão, até à lógica de 3,3V. Os drivers de saída apresentam um estágio de buffer de corrente de pulso alto projetado para uma condução cruzada mínima do driver. Os atrasos de propagação são ajustados para simplificar a utilização em aplicações de alta frequência. O canal flutuante pode ser utilizado para acionar um MOSFET de potência de canal N ou um IGBT na configuração do lado alto, que funciona até 500 ou 600 volts.

Valores nominais máximos absolutos

Os valores máximos absolutos indicam os limites sustentados para além dos quais podem ocorrer danos no dispositivo. Todos os parâmetros de tensão são tensões absolutas referenciadas a COM. As classificações de resistência térmica e de dissipação de potência são medidas em condições de montagem na placa e de ar parado. São apresentadas informações adicionais nas Figuras 28 a 35.

Symbol	Definition		Min.	Max.	Units
V_B	High side floating supply voltage	(IR2110)	-0.3	525	V
		(IR2113)	-0.3	625	
V_S	High side floating supply offset voltage		V_B - 25	V_B + 0.3	
V_{HO}	High side floating output voltage		V_S - 0.3	V_B + 0.3	
V_{CC}	Low side fixed supply voltage		-0.3	25	
V_{LO}	Low side output voltage		-0.3	V_{CC} + 0.3	
V_{DD}	Logic supply voltage		-0.3	V_{SS} + 25	
V_{SS}	Logic supply offset voltage		V_{CC} - 25	V_{CC} + 0.3	
V_{IN}	Logic input voltage (HIN, LIN & SD)		V_{SS} - 0.3	V_{DD} + 0.3	
dV_s/dt	Allowable offset supply voltage transient (figure 2)		—	50	V/ns
P_D	Package power dissipation @ $T_A \leq$ +25°C	(14 lead DIP)	—	1.6	W
		(16 lead SOIC)	—	1.25	
R_{THJA}	Thermal resistance, junction to ambient	(14 lead DIP)	—	75	°C/W
		(16 lead SOIC)	—	100	
T_J	Junction temperature		—	150	°C
T_S	Storage temperature		-55	150	
T_L	Lead temperature (soldering, 10 seconds)		—	300	

Condições de funcionamento recomendadas

O diagrama de temporização lógica de entrada/saída é apresentado na figura 1. Para um funcionamento correto, o dispositivo deve ser utilizado dentro das condições recomendadas. As classificações de desvio de V_S e V_{SS} são testadas com todas as fontes polarizadas a 15V diferenciais. As classificações típicas noutras condições de polarização são apresentadas nas figuras 36 e 37.

Symbol	Definition		Min.	Max.	Units
V_B	High side floating supply absolute voltage		V_S + 10	V_S + 20	V
V_S	High side floating supply offset voltage	(IR2110)	Note 1	500	
		(IR2113)	Note 1	600	
V_{HO}	High side floating output voltage		V_S	V_B	
V_{CC}	Low side fixed supply voltage		10	20	
V_{LO}	Low side output voltage		0	VCC	
V_{DD}	Logic supply voltage		V_{SS} + 3	V_{SS} + 20	
V_{SS}	Logic supply offset voltage		-5 (Note 2)	5	
V_{IN}	Logic input voltage (HIN, LIN & SD)		V_{SS}	V_{DD}	
T_A	Ambient temperature		-40	125	°C

Nota 1: Lógica operacional para Vs de -4 a +500V. Estado lógico mantido para Vs de -4V a -VBS- (Consulte a Sugestão de Projeto DT97-3 para mais detalhes).

Nota 2: Quando VDD< 5V, o desvio mínimo de Vss é limitado a -VDD.

Diagrama de blocos funcionais

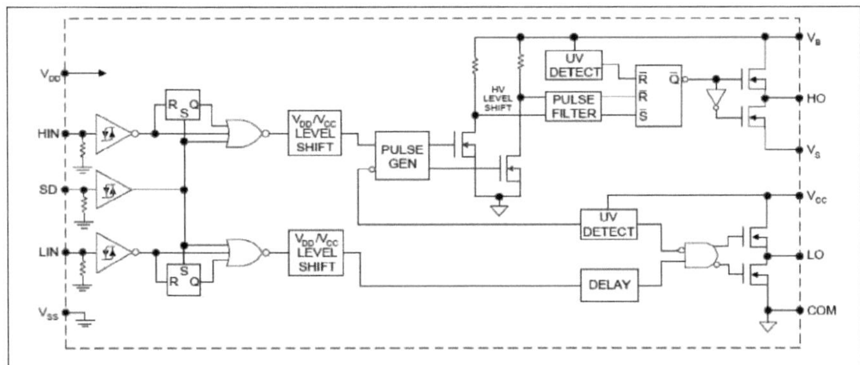

Caraterísticas eléctricas dinâmicas

VBIAS (VCC. VBS, VDD) - 15V, CL = 1000 pF, TA = 25°C e Vss = COM, exceto se especificado em contrário. As caraterísticas eléctricas dinâmicas são medidas utilizando o circuito de teste apresentado na Figura 3.

Symbol	Definition		Figure	Min.	Typ.	Max.	Units	Test Conditions
t_{on}	Turn-on propagation delay		7	—	120	150	ns	V_S = 0V
t_{off}	Turn-off propagation delay		8	—	94	125		V_S = 500V/600V
t_{sd}	Shutdown propagation delay		9	—	110	140		V_S = 500V/600V
t_r	Turn-on rise time		10	—	25	35		
t_f	Turn-off fall time		11	—	17	25		
MT	Delay matching, HS & LS	(IR2110)	—	—	—	10		
	turn-on/off	(IR2113)	—	—	—	20		

Caraterísticas eléctricas estáticas

VBIAS (VCC, VBS. VDD) - 15V, TA = 25°C e Vss - COM, exceto se especificado em contrário. Os parâmetros VIN, VTH e I IN são referenciados a Vss e são aplicáveis a todos os três cabos de entrada lógica: Os parâmetros Vo e Io estão referenciados a COM e são aplicáveis aos respectivos cabos de saída: HO ou LO.

Symbol	Definition	Figure	Min.	Typ.	Max.	Units	Test Conditions
V_{IH}	Logic "1" input voltage	12	9.5	—	—	V	
V_{IL}	Logic "0" input voltage	13	—	—	6.0		
V_{OH}	High level output voltage, $V_{BIAS} - V_O$	14	—	—	1.2		$I_O = 0A$
V_{OL}	Low level output voltage, V_O	15	—	—	0.1		$I_O = 0A$
I_{LK}	Offset supply leakage current	16	—	—	50	µA	$V_B=V_S$ = 500V/600V
I_{QBS}	Quiescent V_{BS} supply current	17	—	125	230		V_{IN} = 0V or V_{DD}
I_{QCC}	Quiescent V_{CC} supply current	18	—	180	340		V_{IN} = 0V or V_{DD}
I_{QDD}	Quiescent V_{DD} supply current	19	—	15	30		V_{IN} = 0V or V_{DD}
I_{IN+}	Logic "1" input bias current	20	—	20	40		$V_{IN} = V_{DD}$
I_{IN-}	Logic "0" input bias current	21	—	—	1.0		V_{IN} = 0V
V_{BSUV+}	V_{BS} supply undervoltage positive going threshold	22	7.5	8.6	9.7	V	
V_{BSUV-}	V_{BS} supply undervoltage negative going threshold	23	7.0	8.2	9.4		
V_{CCUV+}	V_{CC} supply undervoltage positive going threshold	24	7.4	8.5	9.6		
V_{CCUV-}	V_{CC} supply undervoltage negative going threshold	25	7.0	8.2	9.4		
I_{O+}	Output high short circuit pulsed current	26	2.0	2.5	—	A	V_O = 0V, $V_{IN} = V_{DD}$ PW ≤ 10 µs
I_{O-}	Output low short circuit pulsed current	27	2.0	2.5	—		V_O = 15V, V_{IN} = 0V PW ≤ 10 µs

Definições de chumbo

Symbol	Description
V_{DD}	Logic supply
HIN	Logic input for high side gate driver output (HO), in phase
SD	Logic input for shutdown
LIN	Logic input for low side gate driver output (LO), in phase
V_{SS}	Logic ground
V_B	High side floating supply
HO	High side gate drive output
V_S	High side floating supply return
V_{CC}	Low side supply
LO	Low side gate drive output
COM	Low side return

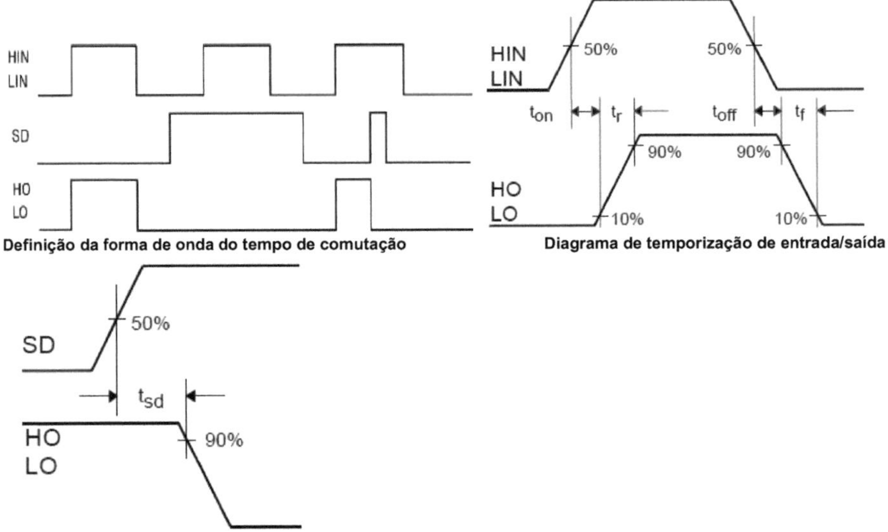

Definição da forma de onda do tempo de comutação

Diagrama de temporização de entrada/saída

Definições da forma de onda de desligamento

6) MOC3023

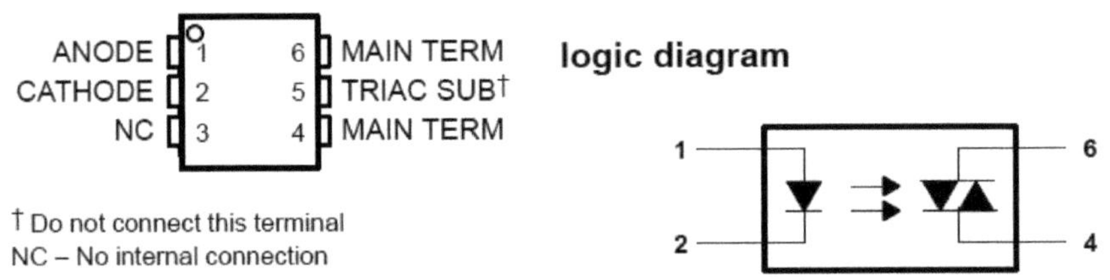

- **Saída do controlador do fototriac de 250 V**
- **Fonte de infravermelhos de díodo de arseneto de gálio e condutor de traços de silício com acoplamento ótico (interrutor bilateral)**
- **Isolamento elevado . . . Pico de 7500 V**
- **Condutor de saída Concebido para 220 V CA**
- **DIP de plástico padrão com 6 terminais**
- **Diretamente intercambiável com MOC3023**

valores nominais máximos absolutos a 25°C **de temperatura do ar livre (exceto indicação em contrário)!**

Tensão de pico de entrada-saída, duração máxima de 5 s, 60 Hz (ver Nota 1) 7,5 kV

Tensão inversa do díodo de entrada 3 V

Corrente de avanço do díodo de entrada, contínua 50 mA

Tensão de pico repetitiva de saída fora de estado 400 V

Corrente de estado ligado da saída, valor rms total (50-60 Hz, onda sinusoidal completa): TA = 25°C100 mA

TA = 70°C 50 mA

Corrente de pico não repetitiva no estado ativo do controlador de saída

(tw = 10 ms, ciclo de funcionamento = 10%, ver figura 7) 1.2 A

Dissipação de potência contínua a (ou abaixo de) 25°C de temperatura em ar livre:

Díodo emissor de infravermelhos (ver nota) 2100 mW

Fototriac (ver Nota 3) 300 mW

Dispositivo total (ver Nota 4) 330 mW

Gama de temperaturas de funcionamento da junção, TJ-40°C a 100°C

Gama de temperaturas de armazenamento, Tstg-40°C a 150°C

Temperatura do cabo 1,6 (1/16 polegada) da caixa durante 10 segundos260°C

t As tensões superiores às indicadas em "valores máximos absolutos" podem causar danos permanentes no dispositivo. Estas são apenas classificações de tensão, e

o funcionamento funcional do dispositivo nestas ou noutras condições para além das indicadas em "condições de funcionamento recomendadas" não é

implícito. A exposição a condições de classificação máxima absoluta durante períodos prolongados pode afetar a fiabilidade do dispositivo.

NOTAS: 1. A tensão de pico de entrada para saída é a classificação de rutura dieléctrica do dispositivo interno.

2. Derivar linearmente para 100°C de temperatura em ar livre à taxa de 1,33 mW/°C.

3. Derivar linearmente para 100°C de temperatura em ar livre à taxa de 4 mW/°C.

4. Derivar linearmente para 100°C de temperatura em ar livre à taxa de 4,4 mW/°C.

caraterísticas eléctricas a 25 C de temperatura do ar livre (salvo indicação em contrário)

PARAMETER			TEST CONDITIONS	MIN	TYP	MAX	UNIT
I_R	Static reverse current		V_R = 3 V		0.05	100	µA
V_F	Static forward voltage		I_F = 10 mA		1.2	1.5	V
$I_{(DRM)}$	Repetitive off-state current, either direction		$V_{(DRM)}$ = 400 V, See Note 5		10	100	nA
dv/dt	Critical rate of rise of off-state voltage		See Figure 1		100		V/µs
dv/dt(c)	Critical rate of rise of commutating voltage		I_O = 15 mA, See Figure 1		0.15		V/µs
I_{FT}	Input trigger current, either direction	MOC3020	Output supply voltage = 3 V		15	30	mA
		MOC3021			8	15	
		MOC3022			5	10	
		MOC3023			3	5	
V_{TM}	Peak on-state voltage, either direction		I_{TM} = 100 mA		1.4	3	V
I_H	Holding current, either direction				100		µA

NOTA 5: A tensão de ensaio deve ser aplicada a uma taxa não superior a 12 V/ps.

7) ECRÃ DE CRISTAIS LÍQUIDOS (LCD)

Imagem fotográfica do LCD

Tabela Painel LCD (16x2) Descrição dos pinos

Pin	Symbol	I/O	Description
	Vss	_ _	Ground
2	Vcc	_ _	+5V Power Supply
	VEE	_ _	Power supply to Control Contrast
4	RS		RS=0 to select command register, RS=1 to select data register
	R/W		W=0 for write, R/W=1 for read enable
	E	I/O	The 8-bit data bus
	DB0	I/O	The 8-bit data bus
	DB1	I/O	The 8-bit data bus
	DB2	I/O	The 8-bit data bus
1	DB3	I/O	The 8-bit data bus
1	DB4	I/O	The 8-bit data bus
12	DB5	I/O	The 8-bit data bus
1	DB6	I/O	The 8-bit data bus
14	DB7	I/O	The 8-bit data bus

Tabela Códigos de comando do LCD

Código	Comando para instrução LCD
1	Ecrã de visualização nítido
2	Regresso a casa
4	Diminuir o cursor (deslocar o cursor para a esquerda)
6	Incrementar o cursor (deslocar o cursor para a direita)
5	Deslocar o ecrã para a direita
7	Deslocar o ecrã para a esquerda
8	Ecrã desligado, cursor desligado
A	Ecrã desligado, cursor ligado
C	Ecrã ligado, cursor desligado
E	Ecrã ligado, cursor a piscar
F	Ecrã ligado, cursor a piscar
10	Deslocar a posição do cursor para a esquerda
14	Deslocar a posição do cursor para a direita
18	Deslocar todo o ecrã para a esquerda
IC	Deslocar todo o ecrã para a direita
80	Forçar o cursor para o início da primeira linha
CO	Forçar o cursor para o início da segunda linha
38	2 linhas e matriz 5x7

Printed by Books on Demand GmbH, Norderstedt / Germany